千田隆夫 著

人体、マジわからん と思ったときに読む本

はじめに

ひとたびこの世に生を受けたら生涯のお付き合いとなる自分自身のからだは、自分の専有物であるにもかかわらず、わからないことが山ほどあります。たとえば、朝食で食べたトーストと野菜サラダはからだにどんな影響を与えるのでしょうか？　また、私たちは特に意識することもなく通勤や通学をこなしますが、道順や交通手段などの情報はからだのどこに保管されているのでしょうか？そしてその情報は、どのように手足の動きに変換されるのでしょうか？　人体はわからないことだらけです。

この本は、人のからだの複雑な構造とはたらき、そして医学が扱う広い分野のエッセンスを、一般の人にもわかりやすいように平易なことばとイラストで説明することを目的としています。前から順番に読む必要はありません。見開き2ページもしくは3ページで一つの項目を説明するスタイルをとっていますので、目次を見て面白そうな項目や「え、そうなの？」と思ったところがあったら、そのページにいきなり飛んでいただいて結構です。きっとこれまで漠然としていた人体のしくみが、少しずつわかるようになるはずです。この本で学んだことをみなさんが活用されて、ご自身の健康維持に少しでも役立てていただければ、著者としては望外の喜びです。

2024年5月

千 田 隆 夫

この本の読者対象

- 人体に興味がある小中学生、高校生、一般の方
- 医療職をめざそうと思っている中高生
- 医療系の専攻ではないが、人体に興味がある大学生
- 自分の健康に関心がある社会人
- からだのあちこちに不調を感じるようになってきた中高年の方々

この本の構成

この本は七つのChapterで構成されています。

まず、Chapter 1では、人体を作っている骨、筋肉、主な臓器を取り上げて、その構造と基本的なはたらきを述べます。Chapter 2では、生命を維持するために不可欠ではあるものの、ふだん自分では意識することがない人体の「すごい」機能を解説します。Chapter 3では、日常で何気なく起きているからだの反応が、どのような過程で起こっているかを述べます。Chapter 4では、頭痛、めまい、うつ病、感染症、生活習慣病（がん、心筋梗塞、糖尿病など）、ギックリ腰などのしくみと、現在行われている主な治療法の一部を紹介します。Chapter 5では、医療現場で行われていて、目的はわかっていてもしくみを知らない施術（麻酔、人工心肺など）や検査（レントゲン、MRI検査など）のしくみを解説します。Chapter 6では、多くの人が聞いたことがある人体に関する迷信がホントなのかウソなのかを理由とともに紹介します。たとえば、「わかめを食べると髪が増える」というのはホントでしょうか？　Chapter 7では、健康の視点から日常生活上の行動の良し悪しとその基準を科学的に解説します。

CONTENTS

Chapter 1 人体の成り立ち

Chapter 2 ここがすごい! からだを維持する機能

Chapter 3 どうして？ からだの変化や反応のしくみ

Chapter 4 なぜ、人は病気になるの？

Chapter 5 気になる！ 医療のあれこれ

Chapter 6 人体に関する迷信のウソ・ホント

Chapter 7 健康のために知りたい日常の知識

Chapter

1 人体の成り立ち

骨はパイプや軽石のように軽くて丈夫

学校の理科室にある「がい骨」の標本を見て、すぐにこれはヒトだ、とわかりますよね。「がい骨」はヒトのからだの外見と形が似ています。つまり、**骨はヒトをはじめ生き物のからだの形を決めている**のです。これは骨のはたらきのなかで最も大事なことです。言い換えれば、**からだは骨により支えられている**のです。

みなさんの頭の中には脳という大事な臓器が入っていますが、私たちは脳に直接触れることはできません。脳は頭蓋骨（ずがいこつ）によって完全に囲まれているからです。脳は非常にやわらかく、押されたり、引っ張られたりすると、簡単に壊れてしまいます。脳の周りを複数の骨ですきまなく取り囲み、外部から脳に直接力が加わらないようになっているのです。心臓や肺が肋骨に囲まれているのも同じ理由です。**骨には重要な臓器を保護するはたらきがあります**。

骨は人体全体で約200個あります。赤ちゃんの骨は大人よりも100個ほど多く、成長に伴って小さな骨がくっついて大きくなるため、総数は減っていきます。個々の骨の形はさまざまで、長い**長骨**、石ころのような**短骨**、瓦のような平べったい**扁平骨**、それらが組み合わさった複雑な形の不規則骨などに分類されます。長骨は腕や脚によく見られます。両端の**骨端**が膨らんでいて、中間部の**骨幹**が棒のようです。長骨を骨幹の部分で切って断面を見ると、骨の中心部分には**髄腔**という空洞があります。髄腔以外の部分は骨質という硬い材質でできています。つまり、**長骨は「パイプ」**なのです。

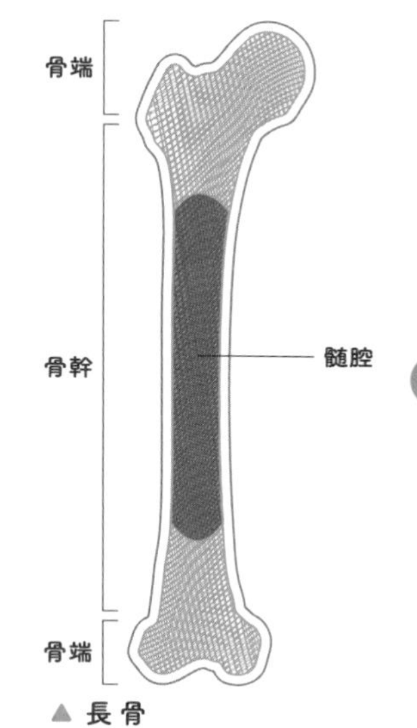

▲ 長骨

長骨の内部のすべてを骨質で埋めない理由は、**骨をなるべく軽くする**ためです。もし骨の内部をすべて骨質にしてしまったら、体重はもっと重くなり、俊敏に動けなくなるでしょう。パイプは軽いですが支える力は十分にあります。たとえば、パイプイスは座る人の体重をしっかり支えるし、軽くて持ち運びに便利です。

長骨の骨端や短骨の断面を見ると、内部全体がスポンジ状に見えます。骨端と短骨も骨質でできていますが、すきまをたくさん作ることによって軽くしています。つまり、**長骨の骨端と短骨は軽石のような構造をしています**。

このような内部構造をとることによって、骨は軽くて丈夫になっています。

骨と骨のつなぎ目には動かないものがある

約200個ある骨のほとんどは他の骨とつながっています。**骨と骨のつなぎ目には動くものと動かないものがあります**。

骨と骨のつなぎ目が動く場合、それを**関節**と呼びます。たとえば、肩関節はとてもよく動く関節で、肩甲骨の**関節窩**(かんせつか)というお皿のような形の浅いへこみに、上腕骨の上腕骨頭(じょうわんこっとう)という半球状の部分が乗った構造になっています。丸い上腕骨頭が浅いお皿である関節窩の上でコロコロ回るように、いろいろな方向に動けます。これによって、肩は前にも後ろにも横にも上げることができるし、グルグルと回すこともできるのです。

さらに、関節を動きやすくするためにさまざまな装置が備わっています。骨どうしがぶつかったり、こすれたりしないように、

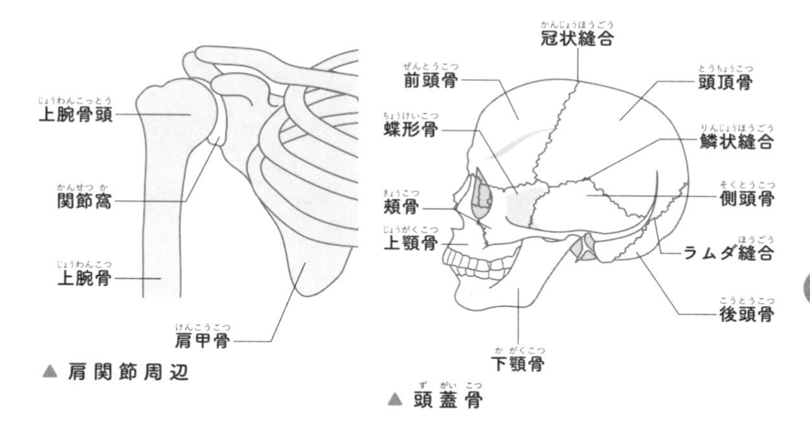

▲ 肩関節周辺

▲ 頭蓋骨

関節で向き合っている骨端は関節軟骨で被われています。関節全体が**関節包**という袋に包まれ、その内面は**滑膜**に被われています。滑膜からは**滑液**というヌルっとした液が分泌されて関節包の内部を満たします。滑液は一種の潤滑油で、関節の動きを滑らかにします。

骨と骨のつなぎ目が動かないものの代表は、頭蓋骨どうしの結合です。頭蓋骨は15種類23個の骨が複雑に組み合わさっています。そのなかで他の骨と可動性の関節を作るのは**下顎骨**のみです。下顎骨は耳の穴のすぐ前で側頭骨と**顎関節**を作り、食べものを噛む運動(**咀嚼**)と言葉を話す運動(発語)を可能にしています。

脳を取り囲む骨(6種類8個)と顔面を作る骨(7種13個)は、お互いが複雑に噛み合う**縫合**という結合でつながっていて、まったく動きません。頭蓋骨のはたらきは次の三つです。

- 脳を外力から守る
- 顔の形を作る
- 眼球が入る**眼窩**、空気を出し入れする**鼻腔**、聴覚・平衡覚器が入る骨迷路の空間を保持する

これらのはたらきを考えると、頭蓋骨は動いてはならないことが理解できます。

骨格筋　アクチン　ミオシン　ATP

3 肘（ひじ）を曲げると「力こぶ」ができるのはなぜ？

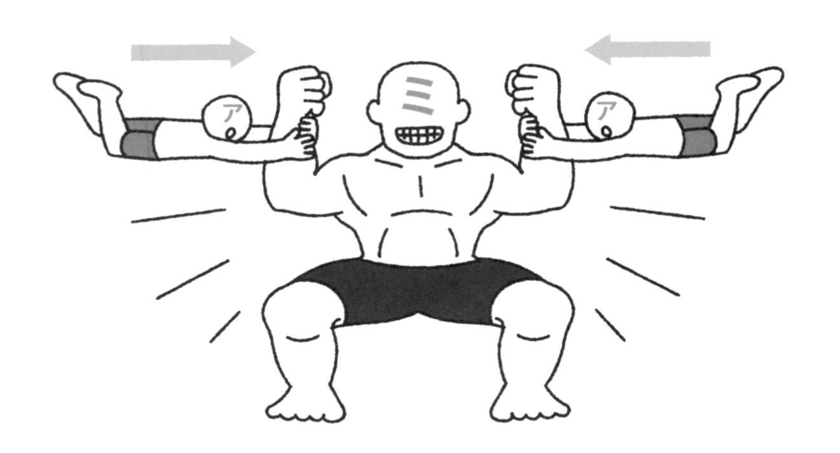

皮膚を触ってみるとその下に筋肉があることがわかります。皮膚の上から触れる筋は**骨格筋**（こっかくきん）といいます。骨格筋は筋の端が骨についていて、骨格筋の収縮によって骨が引っ張られ、その結果、骨と骨のつなぎ目である**関節**が動きます。試しに自分の肘（ひじ）を曲げてみてください。肘を曲げるとき、肩と肘の間の内側に力こぶができます。筋が収縮して太くなっているのです。この力こぶの筋を**上腕二頭筋**といいます。上腕二頭筋が前腕（肘と手首の間）の骨を引っ張った結果、肘の関節が曲がったのです。

では、骨格筋はどのように収縮するのでしょうか？　筋も細胞でできていますが、筋細胞は非常に細長いので**筋線維**（きんせんい）と呼びます。筋線維の中に、さらに細い**筋原線維**（きんげんせんい）という構造上の単位が多数、同じ方向に走っています。1本の筋原線維は、タンパク質で構成される細い**アクチンフィラメント**と太い**ミオシンフィラメント**が、互い違いに並んだ構造となっています。アクチンフィラメントとミオシンフィラメントは付かず離れずの位置にあります。

脳から発せられた収縮命令がその筋に届くと、筋線維の中で一連の反応が進んで、アクチンフィラメントとミオシンフィラメントの「滑り合い」が起こります。その結果、**筋節**(きんせつ)(下の図のZ帯どうしの間)の長さが短くなります。これは、互い違いに交差させた両手の指をぐっと深く押し込む動作と似ています。手首と手首の間が「筋節」に相当しますが、指を深くかみ合わせると、手首と手首の距離が短くなりますね? つまりアクチンフィラメントとミオシンフィラメントの「滑り合い」が起こると、筋の中にあるすべての筋節が短くなるので、筋線維ひいては筋全体が収縮して短くなるというわけです。

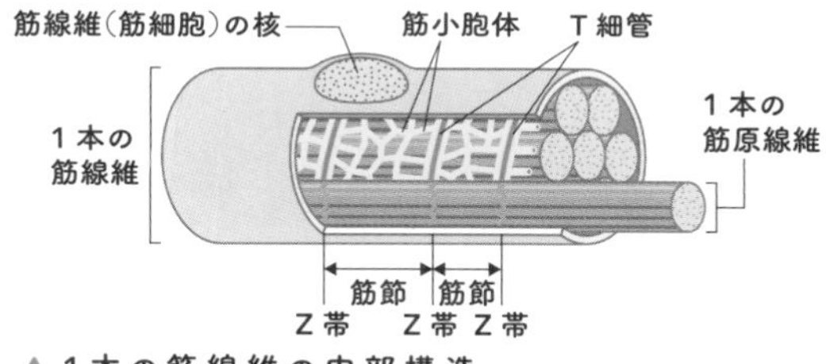

▲ 1本の筋線維の内部構造

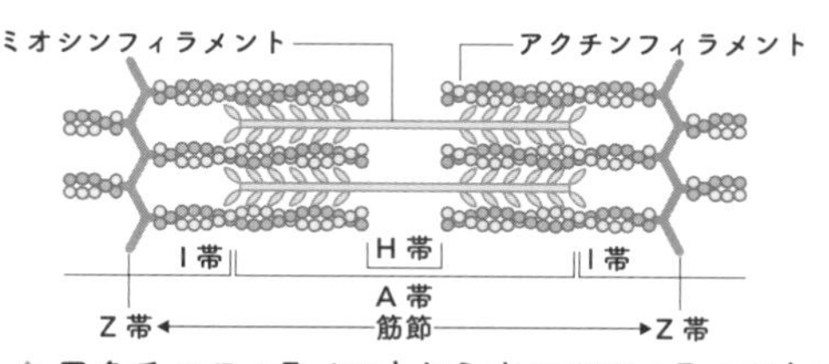

▲ アクチンフィラメントとミオシンフィラメントの配列

アクチンフィラメントとミオシンフィラメントが滑り合って筋が収縮するためには、エネルギーが必要です。このエネルギーは、ブドウ糖などの代謝(一連の化学反応により変化すること)で作られた**ATP**(㉛参照)という物質の分解によって供給されます。同時にエネルギーの一部は熱に変わるので、筋が収縮すると熱が発生します。**骨格筋は最も多くの熱を発生する器官**です。

赤筋と白筋の割合で得意なスポーツがわかる！

皆さんは赤身の魚と白身の魚のどちらがお好きですか？
赤身と白身の魚では、その生態が全然違います。赤身の魚の代表としてマグロ、白身の魚の代表としてヒラメに登場してもらいましょう。マグロは広くて深い海を、疲れることを知らないかのように泳ぎ続けることができます。一方、ヒラメは陸の近くの浅い海の底で、半分砂に埋まってじっとしていて、エサとなる小魚が近づくと、すばやくからだを動かし、一瞬で小魚を捕らえます。

持久力があるマグロと瞬発力があるヒラメ、その違いの秘密はその筋肉を作る筋線維（きんせんい）の種類にあります。マグロの赤身の強い筋肉を作る筋線維を**赤筋**（せっきん）といいます。ヒラメの白っぽい筋肉は

白筋でできています。赤筋には、**エネルギーを作るミトコンドリアや酸素をためておけるミオグロビンが豊富**にあります。つまり長時間の筋の収縮が続けられるようなエネルギー供給体制をもっています。ミオグロビンには鉄が豊富に含まれていて、これが赤く見える原因です。一方、ミオグロビンが少なく酸素を長い時間供給できない白筋は**嫌気性解糖**という方法で、短時間であるけれども瞬間的に爆発的なエネルギーを生み出します。ミオグロビンが少ないので筋の色は白っぽくなります。

このことはヒトでも基本的に同じです。ヒトの骨格筋を構成する筋線維にも**赤筋線維**と**白筋線維**があります。そして筋によってその割合が違うのです。眼球を動かす外眼筋や指を動かす前腕の筋には白筋線維が多く、すばやい動きを可能にしています。一方、背骨のそばにある脊柱起立筋は長時間収縮を続けて上体を支える必要があり、持久力のある赤筋線維が多いです。

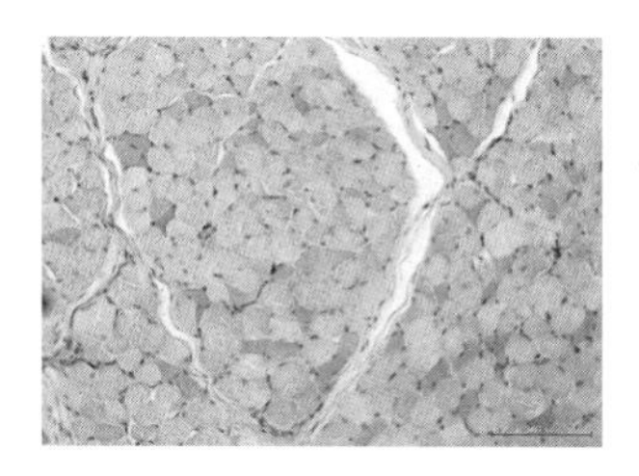

◀ **顕微鏡で見た骨格筋**
濃く見える赤筋線維と白っぽい白筋線維が混じっている

持久力スポーツのトレーニングを毎日している選手は、だんだん赤筋線維が多くなってきます。一方、瞬発力を必要とするスポーツのトレーニングをやっていると白筋線維が増えてきます。しかしこれには限度があります。遺伝によって赤筋と白筋の割合はおおむね決まっているからです。

遺伝によって決まっている赤筋と白筋の割合を検査で調べて、自分に適したスポーツ群を知ることは可能かもしれません。しかし、楽しくなければ厳しいトレーニングを続けられないので、赤筋と白筋の遺伝的バランスだけでスポーツを選択してもうまくいかないでしょうね。

舌は骨格筋のかたまり 味を感じるだけじゃない！

焼肉屋さんで「牛タン」を観察してみると、赤と白の多数のすじがあらゆる方向に走っているのがわかります。これはさまざまな方向に走る多数の骨格筋を表しています。舌は骨格筋のかたまり（多数の**舌筋**の集合体）なのです。骨格筋は線維の方向に収縮・弛緩するため、舌の動きは非常に繊細であることが理解できます。

舌の本体である舌筋のかたまりを粘膜が包んでいます。粘膜の最表層を作る細胞シートを上皮といいますが、舌の上皮の特徴は**舌乳頭**という著しい起伏を作ることです。舌の上の面がザラザラに見えるのは多くの舌乳頭があるからなのです。

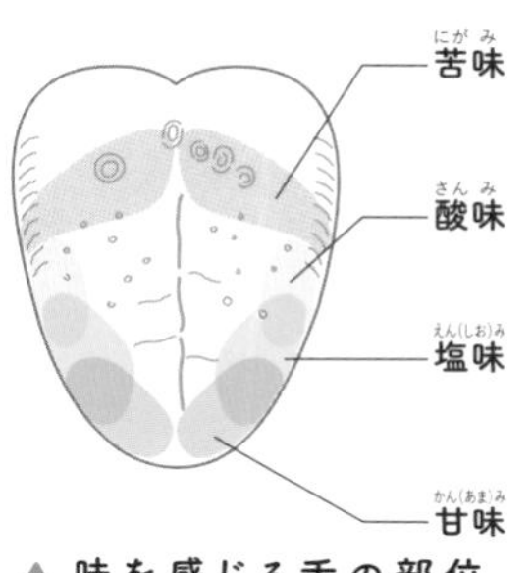

▲ 味を感じる舌の部位

▼ 舌のはたらき

咀嚼	前歯で小さくカットされた食べものは、舌の動きによって奥歯に移動して噛み砕かれる。口腔内に分泌された唾液と噛み砕かれた食べものを混ぜる(唾液には消化酵素が含まれている)のも舌の動きによる。
嚥下	噛み砕かれた食べものは「ごっくん」と飲み込むことによってのどの奥に押し込まれる。食べものや水を飲み込む際に感じるのどのあたりの動きは、舌、口蓋、咽頭の多くの筋が連続的に収縮することによる。
構音	喉頭の中で生じた声(喉頭原音)は、咽頭、口腔、鼻腔の内部で音波が共鳴し、舌や口全体を動かすことでさらに音声が変化した結果、最終的に聞こえる言語音となる。
味覚受容	食べものに含まれる味物質が味蕾にある味細胞に接触すると、味細胞の興奮が味覚神経を伝わって脳の味覚野に達し、味を感じる。

このように、舌は実に多くの機能を行っている立派な「臓器」なのです。骨格筋のかたまりに過ぎないのに、これほど微妙で繊細なはたらきをするのは驚きです。今度から牛タンを食べるときは尊敬の気持ちでいただきましょう！

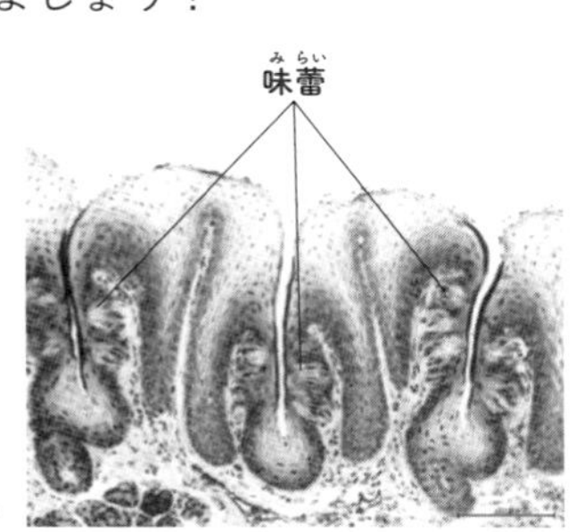

舌乳頭内の味蕾 ▶

貯蔵 代謝 胆汁 解毒

6 マルチタレントな臓器、肝臓

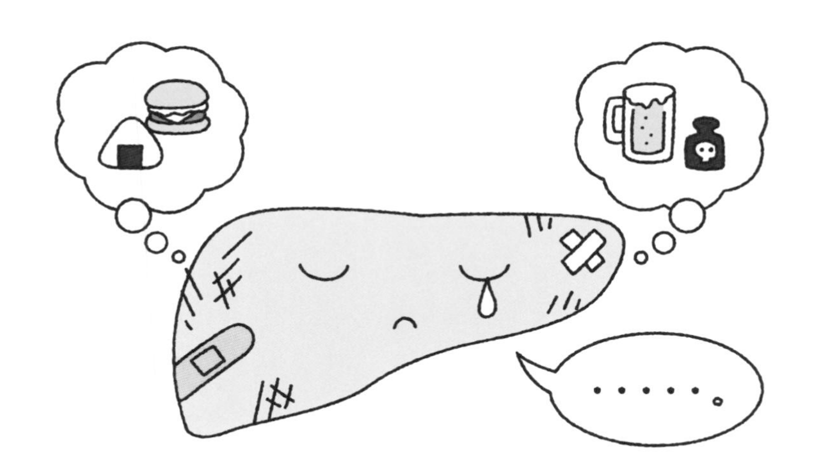

成人の肝臓(かんぞう)は1〜1.4キログラムもあります。では肝臓はどこにあるでしょうか？　その位置を正しく示せる方は少ないでしょう。なぜかというと、肝臓は「静か」だからです。心臓のように拍動しないし、胃や腸のように食べものが通るグルグル音はしないし、肺のように膨らんだり縮んだりしません。

肝臓はおなかの中の右上にあり、前方は肋骨(ろっこつ)、上方は横隔膜(おうかくまく)に被われています。だから、正常な肝臓を外から触れることはできません。肝臓を前から見ると大きな右葉(うよう)と小さな左葉(さよう)が区別できます。肝臓の下面は複雑で、血管(動脈、静脈)、肝管(かんかん)などが出入りし、濃い緑色をした胆嚢(たんのう)という袋があります。

肝臓はマルチプレーヤーです。

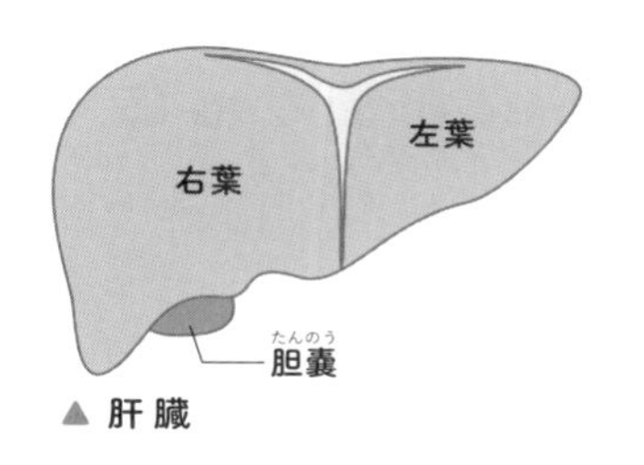

▲ 肝臓

▼ 肝臓のはたらき

① 栄養素の貯蔵と代謝	糖質をグリコーゲンとして蓄え、血液にエネルギー源として放出する。アミノ酸からは血液に含まれる血漿タンパク質などが肝臓で作られ、不要なアミノ酸は分解されて尿素となる。
② 胆汁の合成と分泌	胆汁は肝管、胆嚢、総胆管を通って十二指腸に流れ込んで脂肪の消化と吸収を助ける。
③ 薬物代謝と解毒	薬やアルコールなどからだにとって有害な物質(毒物)は肝臓で分解される。
④ ビタミンとミネラルの貯蔵	ビタミンA、ビタミンB1・B2、ビタミンD、鉄、銅などを貯蔵する

① 一言でいうと、肝臓は「栄養の倉庫」です。蓄えられた栄養は、必要に応じて小出しされます。

② 胆汁を作るはたらきが弱くなったり、胆汁を十二指腸に流す経路が滞ったりすると、ビリルビンという黄色い色素が血液中に増えて全身に沈着します。肌が黄色に見えるこの症状は、**黄疸**と呼ばれます。

③ 薬を飲んでしばらくすると、血液中の薬の濃度が上がり薬の効果が出てきます。その後、薬は肝臓で分解されるため、効果が落ちてきます。

④ 鉄と銅は血液を作るために欠かせない物質です。

肝臓のはたらきをすべて人工の機器で代用することは不可能です。つまり、「人工肝臓」というものはありません。肝臓の機能が少々低下しても痛みなどの自覚症状を感じることは少なく、本人は気づきません。検査で異常が見つかって初めて、病気に気づくことが多いため、肝臓は「沈黙の臓器」といわれます。

コラム 1　肛門は単なる便の出口ではない！

「快食快便」という言葉があるように、よく食べてどんどん便を出すことは健康の証です。

小腸から**大腸**に入ってきた食べものは結腸で水分を吸収されて固形の便になります。大腸はぐるりと湾曲している結腸と、肛門に向かってまっすぐ伸びる直腸に分かれます。便はまず結腸を通り、その最後の部分であるS状結腸にたまります。その量が徐々に増えるとともに、胃に次の食べものが入ってくる際の大腸の収縮の動きが大きくなり、便は直腸に押し込まれます。直腸の膨大部に便が入ってくると便による圧力が高くなり、これが脳に伝わって「便意」を感じます。排便をがまんする機能は、肛門管〜肛門の周囲にある2種類の筋とそれを支配する神経との絶妙なコンビネーションで行われています。

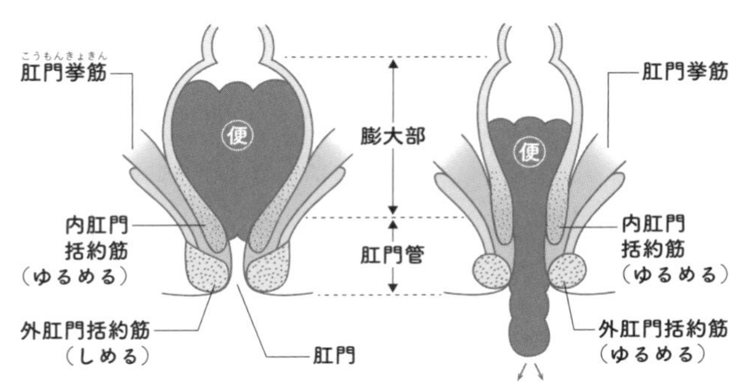

▲ 排便をがまんしている時　　▲ 排便中

	がまん中	排便中
内肛門括約筋	意思と無関係に緩む	意思と無関係に緩む
外肛門括約筋	意思により締める	意思により緩めて排便

肛門管の周囲には**内肛門括約筋**と**外肛門括約筋**が取り巻いています。内肛門括約筋は自律神経（㉕参照）に支配されており、

自分の意思で収縮・弛緩させられませんが、外肛門括約筋は自分の意思で調整できます。便意を感じると、脳からの指令が副交感神経を経て、直腸膨大部の壁と肛門を取り巻く内肛門括約筋に伝えられ、排便を進めようとします。しかし、排便できる状態にない場合は排便を止めなければなりません。そこで、意思に従う外肛門括約筋に命令を発し、肛門を強く縛ります。これが、排便をがまんしている状態です。排便できる状態になると、自分の意思で外肛門括約筋を緩め、腹筋を収縮させて腹圧をかけます。これにより、便は肛門管を通り過ぎて肛門から排泄されます。

結腸や直腸には便をためる機能もあります。肛門は単なる便の出口ではなく、その上の直腸やS状結腸、肛門周囲のさまざまな筋、さらには脳や脊髄（せきずい）からくる神経と協調して、畜便と排便をコントロールする装置なのです。

直腸がんで肛門を含む直腸を切り取る手術を受けた患者には「**人工肛門**」を作ることがあります。人工肛門は腸の一部をおなかの壁を通して体外に出したものです。人工肛門から排泄される便を受けるために、周囲に専用の袋（パウチ）を取り付ける必要があります。人工肛門といっても、そのまわりには括約筋がなく、本来の肛門のような「しめる」、「ゆるめる」のコントロールはできません。そのためパウチを常に付けなければならず、日常生活に制約を受けます。肛門が単なる便の出口ではなく、高度な機能をもった「排便調節装置」であることがわかりますね。

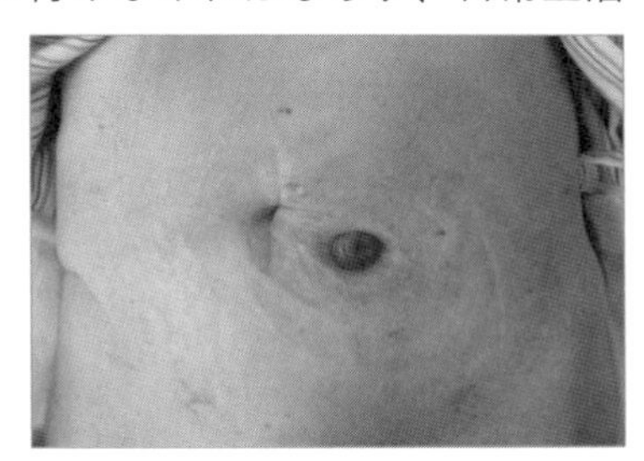

▲ 腹壁上に設けられた人工肛門

喉頭は気流を利用した発声器

のどには**咽頭**と**喉頭**があります。咽頭は口を大きく開けると口の奥に見える赤みを帯びた部分で、喉頭は「のどぼとけ」の奥にあります。この喉頭が、声を出す臓器です。喉頭は肺に出入りする空気が途中で通過する部分で、周りを6種類の軟骨で囲まれています。軟骨の内面には粘膜が張り、前庭ヒダと声帯ヒダという大きなヒダがあります。この2種類のヒダは中心部で狭いすきまを作ります。特に左右の声帯ヒダが作るすきま（**声門**）はとても狭くなっています。この声帯ヒダこそが、空気の流れを利用して声を出す「発声器」の部分です。声帯ヒダの内側の縁には前後に走る**声帯靭帯**という弦のような構造が張っています。この弦が振動することで声となるのです。喉頭には軟骨と

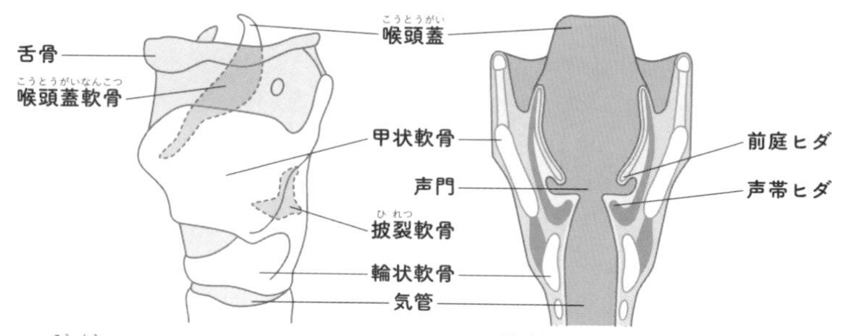

▲ 喉頭を左側面から見たところ　▲ 喉頭を後面から見た断面

軟骨の間をつなげる多くの**喉頭筋**があり、これらの筋の収縮で、声帯ヒダを開閉したり、声帯靭帯の緊張を変えたりできます。

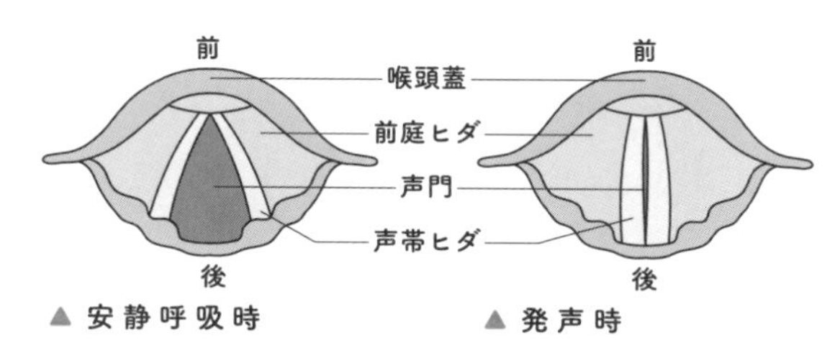

▲ 安静呼吸時　▲ 発声時

発声のstep	
step0	安静に呼吸をしている(声を出していない)とき、左右の声帯ヒダは横に広げられて声門は大きく開いている。ヒダの中の声帯靭帯も緩んだ状態。
step1	声を出すため、声帯ヒダを内側に引き寄せて声門を閉じ、声帯靭帯を緊張させる。この段階では声門が閉じており、呼気は声門を通ることができない。
step2	呼気圧を強くすることで下からの呼気に押し上げられ、声門が少し開く。
step3	step2の状態で呼気流を声帯ヒダに押しつけると、呼気流が狭い声門を通過する。この呼気流が緊張した声帯靭帯を振動させ、音波が発生する。

喉頭で作られた音波そのものは、最終的に他人に聞こえる声とはまったく異なります。喉頭で作られた音波は咽頭と口腔に伝わって共鳴を起こし、言語を構成する言語音となります。このはたらきを**構音**といいます(⑤参照)。つまり、声は発声(喉頭で)と構音(咽頭、口腔で)という二段階の機序によってできあがるのです。

気管と気管支は「自動清浄機能付きの真空掃除機」

肺への空気は**気道**と呼ばれる管を通ります。**気道は上から、喉頭（こうとう）→気管→気管支と続きます**。喉頭（こうとう）（⑦参照）は発声器という別の機能も有していますが、気管と気管支はもっぱら空気の出入りのための管です。

気管は長さ約10cmで下端は左右の主気管支に分かれます。左右の主気管支は肺門から肺内に入り、分岐を繰り返してだんだん細くなっていきます。最終的にはすべての気管支は**肺胞（はいほう）**という小さな袋になります。肺という臓器は、**複雑に分岐した気管支の集合体**といえます。

気管と気管支は途中まではその壁に軟骨の芯があります。気管では、ほぼ等間隔でC字型の軟骨が並んでいます。軟骨の芯があ

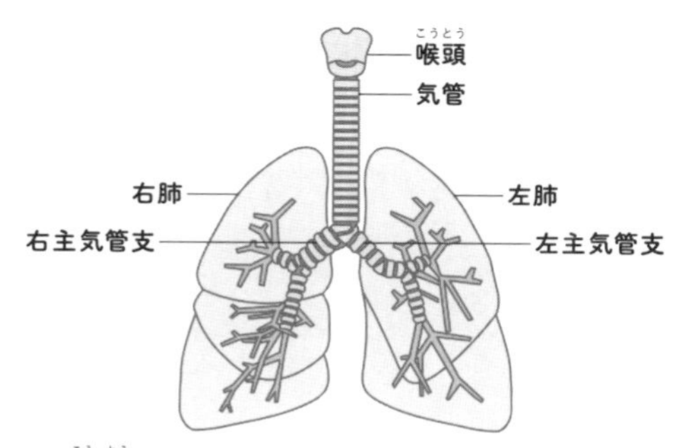

▲ 喉頭・気管・気管支

ることで気管と気管支はその内腔をしっかり維持できます。真空掃除機のホースのような構造です。

気管と気管支の壁の内面には粘膜が張っていて、粘膜の最上部には上皮細胞という細胞がすきまなく並んでいます。この**上皮細胞の層は体外と体内の境界となる大事な構造**です。気道の上皮は常に外界から入ってきた空気に接触します。外界の空気にはさまざまな異物が含まれています。塵、ホコリ、花粉、細菌、ウイルスなど大きさも種類もさまざまです。

気管と気管支の上皮細胞の頂部には、**線毛**という細かい毛がびっしりと生えています。線毛は細胞のエネルギーを使い、一定の方向になびくように動いています。線毛に引っかかった空気中の異物を鼻の方に送り返すのです。線毛に捉えられた異物は粘液細胞から分泌された粘液で絡められます。これが「**痰**」です。痰も積極的に気道の上方に押し出され、口から吐き出されます。

このように、掃除機のホースのような構造の気管と気管支は、その粘膜上皮がもつ線毛という「自動清浄機能」を活用して、クリーンな空気を肺に送り込んでいるのです。

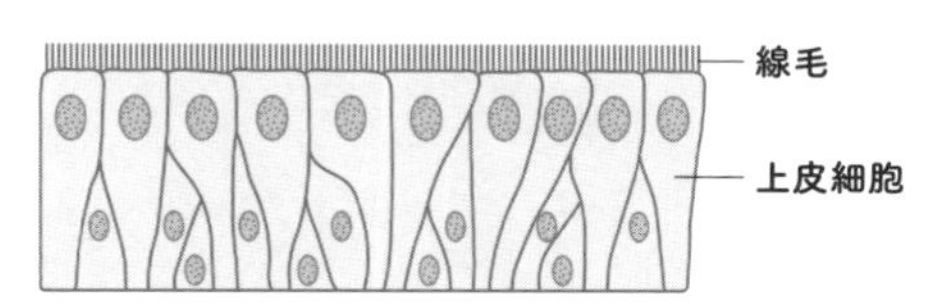

▲ 気管・気管支の上皮細胞の線毛

9 尿は体内で不要な物質が溶けたもの

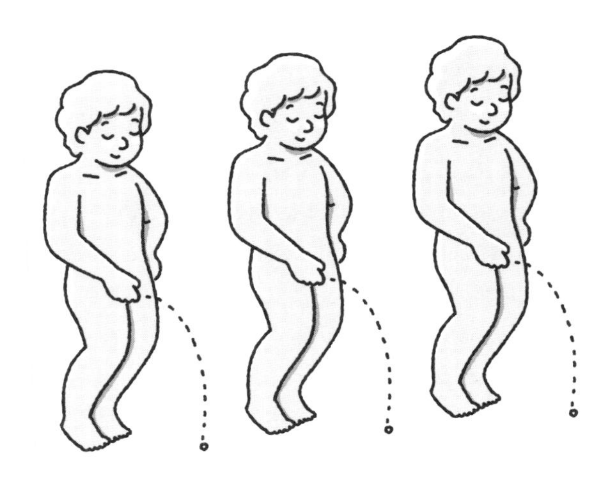

みなさんは1日に何回くらい「おしっこ」をしますか？　平均は、昼間が4～7回、夜間が0～1回程度です。そして、1日あたりの尿の総量は1～1.5Lです。

尿は腎臓（じんぞう）という、パソコンのマウスのような形をした臓器で作られます。腎臓はおなかの上の方で背中の壁に押し付けられています。腎臓の内側面には大動脈からほぼ直角に枝分かれした腎動脈が入り込みます。大動脈から腎臓までの距離は数cmと短く、腎臓の大きさにしては相当太い動脈です。これは腎臓に勢いよく大量の血液を起こり込むことに役立っています。つまり、腎臓では血圧を利用して血液をろ過して、尿を作っているのです。

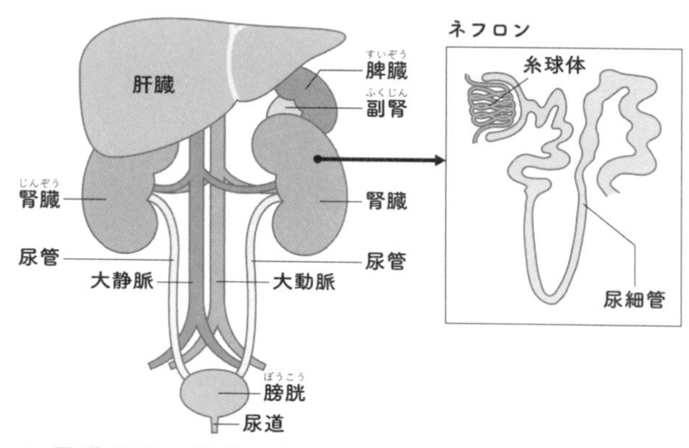

▲ 腎臓周辺の臓器とネフロン

1個の腎臓の中には、約100万セットの**ネフロン**(腎単位)があります。このネフロンが尿を作る基本単位です。ネフロンは1個の**腎小体**と、そこで作られた**原尿**(げんにょう)(まだ最終的な尿ではありません)を延々と流す**尿細管**(にょうさいかん)からなります。

腎小体は**糸球体**(しきゅうたい)とそれを包む**ボウマン嚢**(のう)でできており、糸球体は毛細血管が複雑に絡み合った毛玉のような構造をしています。糸球体の毛細血管内を流れる血液は毛細血管の穴だらけの薄い壁からしみ出ていきますが、その周囲にある「ろ紙」のような構造で濾(こ)しとられます。このとき、「ろ紙」の小さな穴を通過する物質(水、電解質、ブドウ糖、小さなタンパク質、尿素など)と通過できない物質(赤血球などの血球、大きなタンパク質など)に分かれます。通過した水、電解質、ブドウ糖、小さなタンパク質などをまとめて原尿と呼びます。

原尿は左右の腎臓でどんどん作られ、1日に150Lにもなります！　その原尿の99%が尿細管で吸収され、老廃物や水などが尿として排出されます。最終的な尿の量と成分はその時点でからだにとって多すぎるか、不要であるか、毒となる物質です。したがって、何をどれだけ飲食したか、あるいは体内の状態によって尿の量と成分は変化します。

膀胱が十分にふくらまないと頻尿に？

腎臓で作られた尿は**膀胱**にたまります。膀胱は筋性の袋で、伸びたり縮んだりします。尿がたまっていくと膀胱の壁の筋が伸ばされふくらみますが、一定量の尿がたまるまでは**排尿筋**が弛緩していて、筋が伸びているという感覚（尿意）も感じません。同時に、膀胱から尿道への出口を取り巻く**内尿道括約筋**と膀胱の下にある骨格筋性の膜に存在する**外尿道括約筋**が収縮し、膀胱の尿が尿道に漏れ出ないようにしています。膀胱内の尿が一定量（150〜300mL程度）を超えると尿意を感じ始めます。

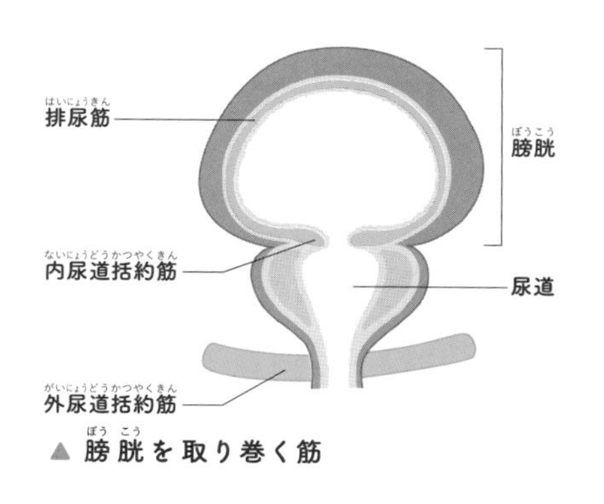

▲ 膀胱を取り巻く筋

膀胱内の尿量が500mLを超えると、強い尿意とともに膀胱がキリキリするような痛みを感じます。限界の尿量を超えると、脳幹の排尿中枢からの刺激で排尿筋が収縮しだし、さらに内尿道括約筋を緩めます。この状態は「漏れそう」という緊急状態ですが、トイレに入って排尿の準備ができるまでは、なんとか意思（大脳皮質）のはたらきによって外尿道括約筋を強く収縮させて、かろうじて尿が尿道に流れ込むのを防いでいます。排尿できる状態になると、大脳皮質からの筋収縮指令が解除されて外尿道括約筋が弛緩して、膀胱壁内にある排尿筋の収縮によって、尿は膀胱から尿道に流れ込みます。

日本泌尿器科学会は、「朝起きてから就寝までの排尿回数が8回以上の場合を**頻尿**」と規定しています。頻尿の原因にはいろいろありますが、最近注目されているのは「**過活動性膀胱**」という状態です。日本泌尿器科学会は、過活動性膀胱を「膀胱に尿が十分にたまっていないのに、膀胱が自分の意思とは関係なく勝手に収縮する異常」と定義しています。それによって、急に尿を排泄したくなってがまんできず、トイレに何回も行くようになります。女性に多く見られ、中年以降加齢とともに患者数が増える傾向があり、40歳以上の男女の14%が過活動性膀胱であるとされています。

精巣は暑がり 温め過ぎると不妊症に？

思春期以降、男性の精巣では精子が作られます。1日に作られる精子の数は**約1億個**といわれています。

精子は精巣内部の曲精細管（きょくせいさいかん）で作られ、精巣の上にある精巣上体に入って他の分泌物と混ざり精液となります。精液は射精の機会まで管の中でたまっていますが、射精時に精管壁の平滑筋（へいかつきん）が強く収縮して、たまっている精液を一気に尿道から体外に放出します。健常男性では、1回の射精で2〜3mLの精液が放出され、その中に平均1〜3億個の精子が含まれています。

子どもがほしいのになかなか授からないというご夫婦がおられます。いわゆる「**不妊症**」です。日本産婦人科学会は、不妊症を「妊娠を望む健康な男女が避妊をしないで性交をしているにもか

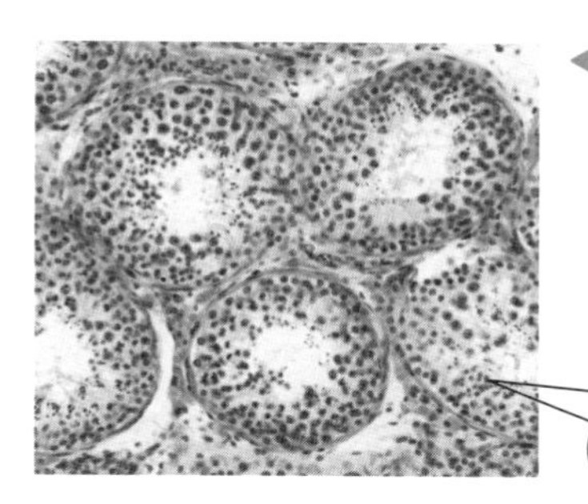

◀精巣内を埋め尽くす曲精細管とその中に見える精子形成過程の諸細胞

かわらず、一定期間妊娠しない」状態とし、この「一定期間」について「1年が一般的である」と定義しています。以前は不妊の原因はもっぱら女性側にあるかのように思われていたようですが、これは間違いです。専門家による調査の結果、男性側と女性側でほぼ半々の割合で不妊の原因があることがわかっています。したがって、不妊で病院を受診する場合は、夫婦で受診すべきです。

男性側の原因では、精液中の精子の数が少ない、元気な精子の数が少ない、正常な形をした精子が少ないなど、精子を作るはたらきが低下している（造精機能障害）ことが多いです。原因を特定することは簡単ではありませんが、日常生活を見直すことで造精機能を改善することが可能です。

もう一つ意外な注意点があります。それは精子を作る精巣が入っている**陰嚢（いんのう）を温め過ぎない**ということです。体内深部の温度（36～37℃）は精子を作るには高すぎるのです。しかし、股間にぶら下がっている陰嚢の中はそれより2～3℃低い温度になっていて、これくらいの温度が精子を最も効率的に作れるのです。したがって、陰嚢は涼しい状態にしておく必要があります。最近、保温性の高い下着が重宝されていますが、これは精巣にとっては迷惑です。少なくとも妊娠を望む時期は、ブリーフ型よりも風通しのよいトランクス型のパンツをはきましょう。子どもができるまでは、熱いお風呂やサウナも避けましょう。

排卵は月1回、左右の卵巣からランダムに起こる！

男性の生殖細胞である**精子**と、女性の生殖細胞である**卵子**の供給方法は対照的です。**精子は思春期から死ぬまで、精巣で作り続けられます**（加齢に伴いペースや質は下がります）。一方、卵子は女の子が生まれたときにその**卵巣**内にすでに蓄えられており、その数は数百万個といわれています。思春期になると、卵子を含む**卵胞**（らんほう）の成熟と、卵子を卵巣の外に放出する**排卵**（はいらん）がはじまります。その後約40年にわたって卵胞の成熟と排卵が繰り返されますが、元々あった卵胞がすべてなくなると排卵は起こりません。性周期が終了し、月経も来なくなります。性周期が終了することを**閉経**（へいけい）といいます。**卵子は生後新たに作られることはありません**。

排卵は1回の性周期のなかで一度だけ起こります。排卵された卵子は、すぐ近くにある**卵管**（らんかん）の口から卵管の中に吸い込まれるよ

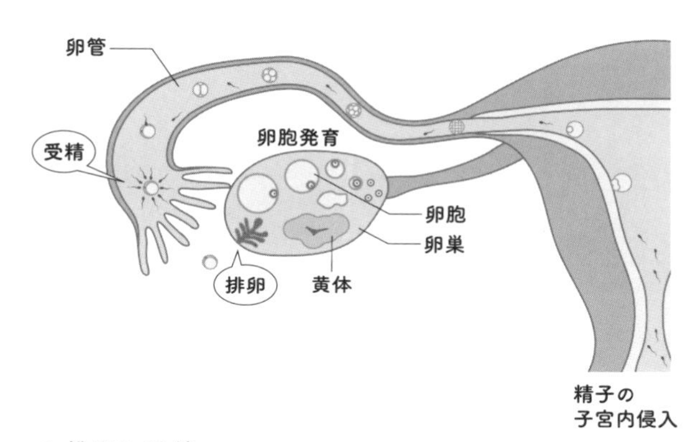

▲ 排卵と受精

うに入り、卵管で最も広い膨大部という場所で精子が来るのを待ちます。未受精の卵子が卵管内で生存できるタイムリミットは24時間です。タイミングよく精子が膨大部に到達すると、最初に卵子に接触した精子が卵子に取り込まれて、**受精**（じゅせい）が成立します。

卵巣は左右にあり、以前は左右の卵巣から交互に排卵が起こると考えられていました。しかし、最近は排卵の順番に規則性はないと考えられています。卵子を保護して栄養を補給する卵胞の候補が数百個あり、卵胞期に分泌される卵胞刺激ホルモンに最もよく反応する優秀な卵胞が次の周期で排卵される有力候補となります。この優秀な卵胞が左右いずれの卵巣から選ばれるかに規則性はないとされています。卵胞が成熟すると、黄体化ホルモンが急激に分泌されることが引き金となって、卵胞が破裂して中の卵が卵巣外に放出されます。残りの競争に敗れた数百個の候補卵胞や、質が良くない卵胞は死んでいきます。出生直後に数百万個もある卵胞ですが、このような厳しいセレクションを経るので、一生で400個程度しか排卵されません。

もし卵巣が左右どちらか一つになっても、排卵のペースは変わりません。あくまで１回の性周期で１個の排卵が起こるよう、残っている卵巣が「頑張る」のです。

13 眼はオートフォーカスの高性能カメラ

眼で遠近調節を行っているのは**毛様体**（もうようたい）です。毛様体の中にある**毛様体筋**（もうようたいきん）が収縮して輪状の毛様体全体の径が短くなると、**毛様体小帯**（もうようたいしょうたい）が緩んで小帯が結合している**水晶体**が自身の弾性により球形化します。厚みを増した水晶体の屈折率は上昇するので、より近いところにある対象物に焦点が合います。逆に、毛様体筋が弛緩して毛様体小帯を引っ張ると、水晶体の周辺部が引っ張られるので扁平になります。扁平になった水晶体の屈折率は低下し、より遠いところにある対象物に焦点が合います。この毛様体筋は収縮弛緩が不随意的に起こる平滑筋です。したがって、眼の遠近調節は本人の意思によるものではありません。つまり眼は「オートフォーカス」カメラなのです。

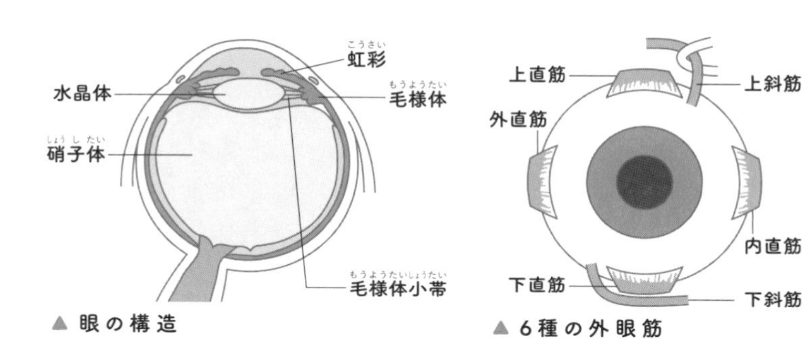

▲ 眼の構造

▲ 6種の外眼筋

明るいところでは、眼に入る光の量を減らす必要があります。ここで瞳孔反射中枢がはたらいて、眼の動きを制御する動眼神経中の副交感神経を興奮させ、虹彩の中にある**瞳孔括約筋**を収縮させます。その結果、瞳孔は小さくなります。反対に、暗いところでは眼に入る光の量を増やすために、交感神経が興奮して、虹彩の中にある**瞳孔散大筋**を収縮させます。その結果、瞳孔は大きく開きます。この瞳孔の径の変化による明暗調節も自律神経によって起こるので、本人の意思とは無関係に起こっています。つまり眼は「自動明暗調節」の機能も備えているというわけです。

私たちは自分の眼をいろいろな方向に向けることができます。これは左右の眼球の外表面に6種類の外眼筋がついていて、眼球をいろいろな方向に引っ張るからです。したがって、外眼筋は自分の意思によって動く随意筋となります。

カメラのレンズは、汚れたら布でふきますが、眼には自動で汚れを洗い流すしくみがあります。**涙**です。涙を分泌する**涙腺**は眼窩（眼球が入っている顔面骨のくぼみ）の上の縁の骨に隠れています。涙腺からはいつも少しずつ涙が出ています。まばたきによって涙は眼の前面全体をぬぐってゴミを流し、涙に含まれる殺菌作用のあるリゾチームによって消毒します。眼が乾燥するとゴミや細菌がこびりつき角膜炎を起こしてしまうため、涙による洗浄が不可欠です。

14 音を聴くだけではない耳のはたらき

耳は、外から見えるのは耳たぶと穴の部分だけで、奥の方の構造をうかがい知ることはできません。音を感じる部分（**蝸牛**）は頭の中心にかなり近い骨の中に埋まっています。

音（音波）は**外耳孔**から**外耳道**を通って、**鼓膜**という薄い膜を振動させます。鼓膜の振動はその裏側に付いている**耳小骨**という三つの小さな骨に伝わります。鼓膜も耳小骨も側頭骨の中の**中耳**（**鼓室**）と呼ばれる空洞に収まっています。耳小骨の振動はさらに奥の内耳の中にある蝸牛に到達します。耳小骨の振動は蝸牛では内リンパという液体の振動となって伝わり、最終的に有毛細胞によってその振動が感じ取られます。振動を感じた有毛細胞は興奮し、その興奮は蝸牛神経を伝わって大脳皮質の聴覚野で音として認識されます。

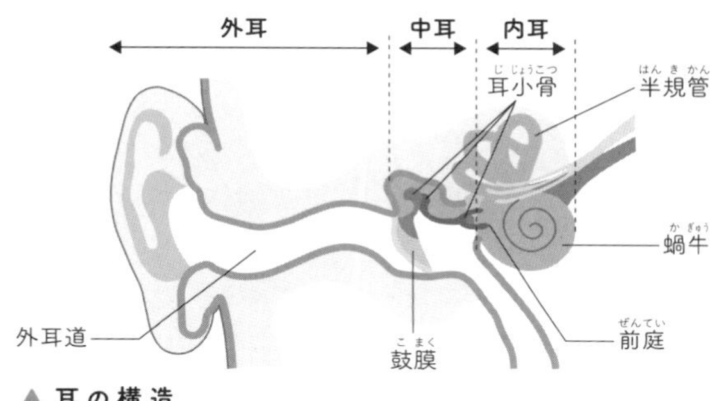

▲ 耳の構造

音を感じ取る感覚（聴覚）が低下した状態を**難聴**といいます。鼓膜の振動が耳小骨を伝って内耳に到達するまで（伝音系）に異常があるために、難聴が生じている場合を伝音性難聴といい、その例として中耳炎（73 参照）による難聴があります。有毛細胞以降の蝸牛神経から大脳皮質聴覚野の範囲に異常があり難聴が生じている場合を感音性難聴といい、その例として突発性難聴があります。

さて、耳にはあまり知られていない別のはたらきがあります。電車やバスに乗ったとき、目をつぶっていても乗り物が止まっているのか、速度を上げているのか、速度を下げているのかがわかりますね？　また、まっすぐ走っているのかカーブを曲がっているのかなども眼を閉じた状態でわかるでしょう。この速度の変化と回転している感覚を**平衡覚**と呼びます。この平衡覚を感じる主な器官が内耳にあるのです。直線加速度は**前庭**で、回転加速度は**半規管**で感じます。前庭と半規管の中にも内リンパが流れていて、頭部に加速度が生じることによってその流れの方向が変化します。その流れの変化を有毛細胞が感じ取って、その情報を前庭神経によって大脳皮質に伝えているのです。平衡覚が障害されることによっておこる症状は「めまい」です（48 参照）。

このように、耳は音を聴くだけでなく、平衡覚を感知することを通じていろいろな機能に関わっています。

Chapter

2 ここがすごい！からだを維持する機能

15 すべての情報は脳につながる

みなさんは毎日、朝起きてから夜寝るまで、おびただしい量の情報に触れています。しかもその情報の種類は多種多様です。

目が覚めて部屋が明るくなっていることに気づき、朝なのだとわかります。明るい光が眼に入り、それを感じ取った眼の**網膜**（もうまく）から脳に「部屋が明るい」という**視覚情報**が送られるからです。起きてスマホの画面を見ると、メッセージが来ていることがわかります。これも眼から入手した光の情報が脳に送られ、画面に書かれている文字や文章の意味を脳が理解するからです。それに対して、すぐに返事が必要だと脳が判断すれば、返事の内容を脳が文章化します。そして、その文章をスマホに入力するために必要な指の筋の複雑な動きを、**筋の収縮命令**という形で指の筋に伝えます。

ベッドから出ると、今日はちょっと寒いな、と感じます。皮膚にある温度を感じるセンサーがはたらいて、皮膚に触れる空気の温度の情報（**温冷覚**）を脳に送っているのです。

服を着替えます。右足をズボンの右足に通してはくことができるのはなぜでしょうか。挙げた足と手でつかんでいるズボンの位置関係の情報が脳に伝わり、右足がうまくズボンの右足に入るように脳から足の筋肉に収縮命令が送られるからです。このからだの各部分の相対的な位置を感じ取る感覚（**位置覚**）は、関節と眼と耳で別々の種類の感覚情報として感知され、脳に送られて合成されます。

テレビでアナウンサーが話しているニュースの内容を声だけで理解できるのは、声という**聴覚情報**が耳を通じて脳に伝わり、その意味を脳が理解するからです。

空腹のときにはおなかが「ぐー」となります。では空腹はおなかで感じているのでしょうか？　実は**空腹も脳で感じている**のです。血液中に溶けている**ブドウ糖**（**血糖**（けっとう））の濃度を脳の一部の**視床下部**という部分が感じ取り、血糖が下がると空腹を感じ、食べものを食べて血糖が上がると**満腹**を感じます（⑲ 参照）。

からだのどこかが痛むとき、痛む原因は手足や内臓にあっても、そこから出てくる痛み物質が**痛覚**神経を刺激して、その情報を脳に伝えます。麻酔をかけると痛みを感じなくなるのは、痛みが発生している部分とそれを感じる脳の部位の間の情報連絡がブロックされるからです（57 参照）。

体内、体外を問わず、人体は、自身を取り巻く環境の変化を感じ取って、その情報を即座に脳に伝えます。そしてそれに対してどのように対処すればよいかを脳が判断し、からだの各部にその対処法を指示します。すべての情報は脳につながっており、**脳はからだの情報センターかつ司令塔**なのです。

16 脳のどこで「記憶」されるの？

平均寿命が延びるに伴って**認知症**の方が増えています。認知症の患者は最近のことは覚えられませんが、昔のことをよく覚えていることがあります。つまり、脳の中で、新しい記憶を保存する場所と、古い記憶を保存する場所は異なるのです。

聞いたばかりの電話番号を紙にメモするまでの2、3秒覚えている、というような瞬間的な記憶を**感覚記憶**といいます。この場合、紙に書き終わると同時にその感覚記憶は忘れてしまいます。

買い物の帰りに、駐車場で車を停めた位置を覚えていますね？また、朝、新聞で読んだ興味あるニュースを職場で同僚に話すことができるでしょう。この数秒から長くて数時間までの記憶を**短期記憶**といいます。でも、特に印象に残ったことでなければ短期

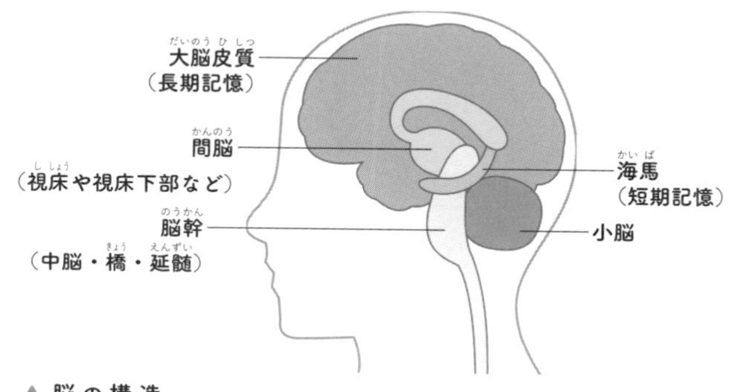

▲脳の構造

記憶はすぐに忘れてしまいます。

自分の名前や誕生日を何年間覚えていますか？　あしたまでに自分の名前を忘れてきなさい、といわれてできるでしょうか？　絶対に不可能ですよね。このような何十年も覚えていて、絶対に忘れることがない記憶を**長期記憶**といいます。長期記憶には言葉で説明できる**陳述記憶**と言葉で説明できない**手続き記憶**があります。陳述記憶はさらに**エピソード記憶**（例：子どもの頃にお父さんと見に行ったプロ野球のゲームで大谷選手がホームランを打った）と**意味記憶**（例：1492年にコロンブスがアメリカ大陸を発見した）に分かれます。手続き記憶には特殊な技能（車の運転方法など）や生活習慣（服を着る一連の動作など）があります。

短期記憶は側頭葉の内側にある**海馬**という弓状の領域に一時的に保存されます。その後、繰り返し同じことを聴いたり、より深く調べたり、何度も練習して記憶を印象付けると、その記憶は長期記憶となります。長期記憶は大脳の表面を被う**大脳皮質**に保存されます。海馬よりも大脳皮質の方が記憶できる量が多いのです。毎日次々に入ってくる情報を海馬は一時的に保存しますが、重要な記憶は大脳皮質に送って永久保存し、重要でないものは消し去るという記憶の振り分けを行っています。

小脳　小脳失調　大脳皮質運動野　運動の統括と調整

17 小脳がスムーズなからだの動きを司る

大脳のはたらきが考える、感じる、覚えることであることはよく知られていますが、小脳のはたらきはあまり知られていないようです。**小脳**が正常にはたらいているときはそのありがたみに気づかないので、ちょっと小脳のはたらきを妨げてみましょう。簡単です。あなたが20歳以上でお酒が飲めるなら、お酒を飲めばいいのです。お酒に酔っぱらった状態、これが一時的な小脳機能障害（**小脳失調**といいます）です。ふらついてまっすぐに歩けないときは**平衡障害**、テーブルの上のグラスをつかもうとしてグラスを倒してしまうときは**測定障害**、ろれつが回らなくなりスラスラと話せないときは**構音障害**に陥っています。

これらの症状はいずれも、ある運動を起こすときに同時に収縮

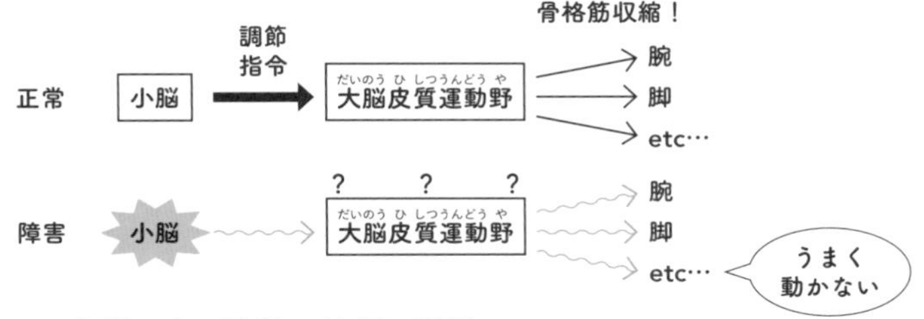

▲ 小脳による運動の統括と調整

する複数の骨格筋の協調ができていないために起こります。個々の筋の収縮命令は**大脳皮質運動野**（だいのうひしつうんどうや）から出ますが、複数の筋の収縮の組み合わせ、強弱、時間差などを微妙に調節する指令は小脳から出ます。その指令に従って大脳皮質運動野から個々の筋に収縮命令が出ます。歩く、物をつかむ、話すなどのひとまとまりの運動全体の**統括と調整を小脳が行っている**のです。小脳失調ではこの統括と調整がうまくいきません。たとえるなら、指揮者不在のオーケストラで、各楽器がバラバラに演奏されているような状態です。

子どもの頃自転車に乗ろうと練習したときのことを思い出してください。最初は、ハンドルをつかんでいる腕とペダルを踏んでいる脚の筋が、大脳皮質から出た独立した命令によって収縮していたので、手足がバラバラに動いてすぐに転んでしまいました。しかし練習を重ねるうちに、からだの傾きの情報（**平衡覚**）が小脳に入るようになり、しかもスピードが出た状態ならバランスを保てることを学習した小脳が、腕と脚の筋への収縮命令を統括するようになります。こうなると小脳からの指令に従って、大脳皮質から関連するすべての筋に収縮命令が出るようになり、脚でペダルを踏んでスピードを上げつつ、ハンドルを操作して方向を維持できるようになります。

小脳は大脳よりも小さく、大脳の下にありますが、運動に関する命令系統では大脳より上位にあるといえるのです。

網様体 / 生命維持中枢 / 意識の覚醒

18 命が宿る脳幹の大きさは小指1本分⁉

脳の形は枝葉がよく茂った樹木に似ています。その幹に相当する脳の部分が脳幹です。大きさは小指ほどで、上方から順に中脳、橋、延髄に区分されます。

大脳と小脳では皮質と髄質の区別が明確ですが、脳幹の内部はその区別はありません。適当な染色を施した脳幹のスライス標本を顕微鏡で観察すると、脳神経核の間にニューロン（脳を構成する神経細胞）が網目状につながったように見える**網様体**という部分が見えます。網様体は中脳から橋・延髄まで続き、脳幹全体ではソーセージのような形になります。

網様体にはさまざまな**生命維持中枢**があります。特に重要なのが、心臓の収縮の命令を出す心臓中枢、呼吸の命令を出す呼吸中

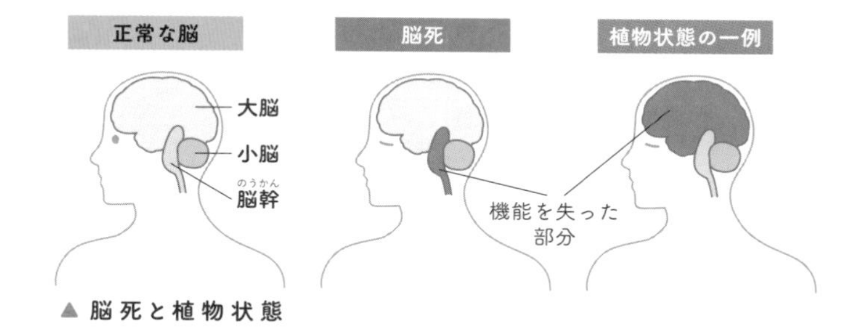

▲ 脳死と植物状態

枢、そして血管の平滑筋を収縮弛緩させて血圧を維持する血管運動中枢です。これらの中枢は針の先ほどの領域に存在していますが、その部位からたった0.1mLの脳幹出血が起こっただけでも、心臓や呼吸が停止して「即死」するでしょう。

脳幹の機能が停止して二度と回復することがないことが明確になった場合、たとえ脳の他の部分が機能していても、その人は医学的に「**脳死**」と判定されます。その人が臓器移植の対象となっている場合、「脳死」状態をもって「死」とすることが法的に認められていて、対象臓器の摘出が開始されます。生物としてのヒトの生命は、「脳幹が生きているか否か」で決まるのです。

逆に、脳幹が機能していれば、大脳皮質が機能していなくてもその人は生きています。大脳皮質が機能していないので、意識はなく、話しかけても反応しませんが、心臓の収縮や呼吸は保たれます。このような状態を「**植物状態**」といいます。

網様体には、大脳皮質を刺激して**意識を覚醒**するはたらきもあります。眠くなってきたとき、皮膚をつねって眠気を飛ばしたことがあるでしょう。ウトウトしているタイミングで大きな音を聞いたときや明るい光が差したときに一瞬起きる、という経験もあると思います。これらの感覚刺激は脳幹の網様体に入り、網様体から刺激が大脳皮質に送られて意識レベルを覚醒させているのです。

19 食欲を調節する摂食中枢と満腹中枢

毎日、決まった時間になるとおなかが空くでしょう。食事をすればおなかがいっぱいになり、そこで食べることをやめます。この食行動に関するリズムはどのように維持されているのでしょうか。

脳の中央部で底に近いところにある**視床下部**（ししょうかぶ）という部分に、食行動に関する重要な中枢があります。空腹を感じて食行動を起こす中枢を**摂食中枢**といいます。逆に、満腹を感じて食行動を抑える中枢を**満腹中枢**といいます。食欲が増して食べ過ぎると肥満が起こります。肥満では体内に脂肪細胞が増えます。この脂肪細胞からレプチンというホルモンが分泌されます。レプチンは視床下部に作用して摂食を強力に抑えるはたらきがあります。同時

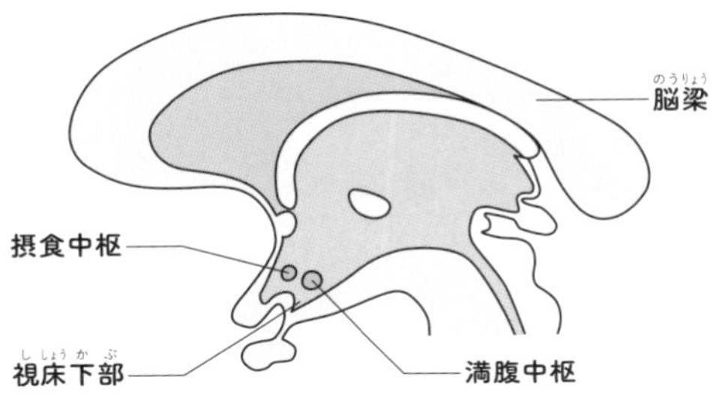

▲ 脳の中心部の正中断（縦に真っ二つに切った断面）

に、レプチンは脂肪の分解を促進する作用もあります。食欲を抑えてくれて、しかも脂肪を分解してくれるレプチンは夢の「やせ薬」として期待されました。しかし、皮肉なことに、肥満になるとレプチンのこれらの作用に対する抵抗性が生じることがわかりました。つまり、既に肥満の人にレプチンを投与しても、やせ薬としては効果がないことがわかってしまいました。しかし、この「レプチン抵抗性」を弱める研究も進行していますので、「やせ薬」に頼ろうとする方々の望みは完全に絶たれたわけではありません。

痩せたいという願望が非常に強い人（大部分は若い女性）が食べることを拒否したり（神経性食思不振症、拒食症）、過食をしたり（神経性過食症）する**摂食障害**があります。これらの摂食障害の発症には精神的・心理的な要因が深く関わっていますが、視床下部の食欲中枢がどのように関係しているのかはまだよくわかっていません。

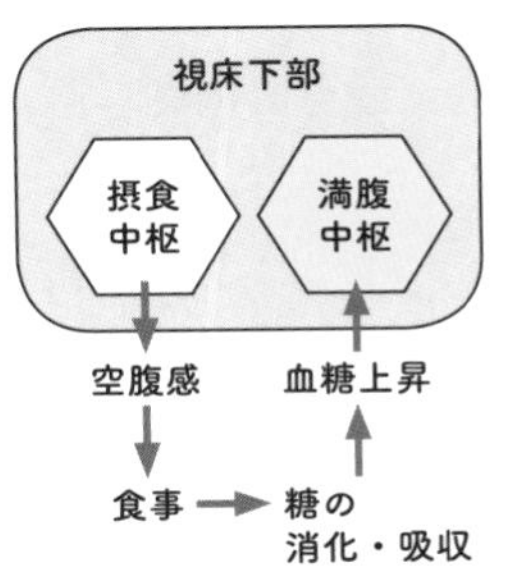

▲ 摂食中枢と満腹中枢のはたらき

20 言葉を司る二つの言語中枢

フランス人医師のピエール・ポール・ブローカは、1861年、彼の勤める病院に入院してきた言語障害の患者と出会いました。その患者は長く言語障害を患っており、何を聞かれても同じ短い音声でしか答えませんでした。しかし、聞かれていることはよくわかっているようで、身振り手振りでの応答は的を射ていました。その患者は死去し、ブローカは亡くなった患者の剖検を行ったところ、患者の左脳の下前頭回（かぜんとうかい）という部分に古い脳梗塞（のうこうそく）が見つかりました。同様の他の症例も含めて、ブローカはこの部位が言語を話すのに必要な中枢であることを報告しました。この功績を称え、言葉を話すのに必要な発語筋の収縮を統括・調節する**運動性言語中枢**は**ブローカ中枢**と呼ばれるようになりました。

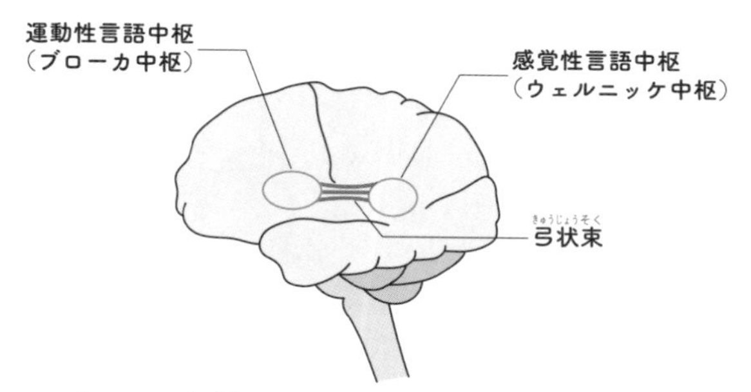

▲ブローカ中枢とウェルニッケ中枢

一方、ドイツ人医師のカール・ウェルニッケは1874年、言葉は流ちょうに話せる一方で聞いた言葉や読んだ言葉を理解できない言語障害が、左脳の側頭葉後部の障害で起こることを報告しました。これはブローカが提唱した運動性言語中枢の位置とは明らかに異なり、以後、**感覚性言語中枢**あるいは**ウェルニッケ中枢**と呼ばれるようになりました。

2人の発見した異なる言語中枢が異なる場所にあるという事実は、大脳皮質は場所によって異なる機能を有しているという「大脳皮質の機能局在」の解明の端緒となりました。

言語能力に、「聞いた言葉の意味を理解すること」「意味のある言葉を正しい音声で話すこと」の両方が必要であることは容易に理解できます。その両者がうまくリンクして、言葉による円滑なコミュニケーションを行うには、ブローカ中枢とウェルニッケ中枢が密に連絡している必要があります。実際、両中枢の間には**弓状束**（きゅうじょうそく）という神経経路による連絡があります。

ところで、言語中枢は大部分の人では左大脳半球にあります。右脳と左脳の機能は異なり、右脳は音楽や美術などの芸術的感性、空間認識を担当し、左脳は言語、計算、理性などの論理的思考を担当します。とはいうものの、同じ人間のこれらの複雑多様な能力は個体として統合されている必要があり、左右の大脳半球を連絡する膨大な数の線維の束があります。

21 神経は「電気が流れる電線」

からだの内外で感知された情報は脳に伝わり、それに対して脳から臓器・組織・細胞(効果器)に指令が送られます。では、情報や指令は脳と全身の間をどのようにして伝わるのでしょうか？

皆さんは遠くにいる人に何かを連絡したいとき、どのような方法を取りますか？　世代を超えて広く利用されているのは電話ですね。電話には固定電話と携帯電話があります。固定電話は話している二人の間を電話線がつないでいます。一方、携帯電話は電波を利用した一種の無線機なので、電話線は不要です。

脳と全身を結んでいる情報連絡手段は電話線に相当する「神経」です。脳や脊髄（せきずい）から出る細い糸のような神経が全身に張り巡らされています。脳と脊髄は情報処理と指令の発出を行うので

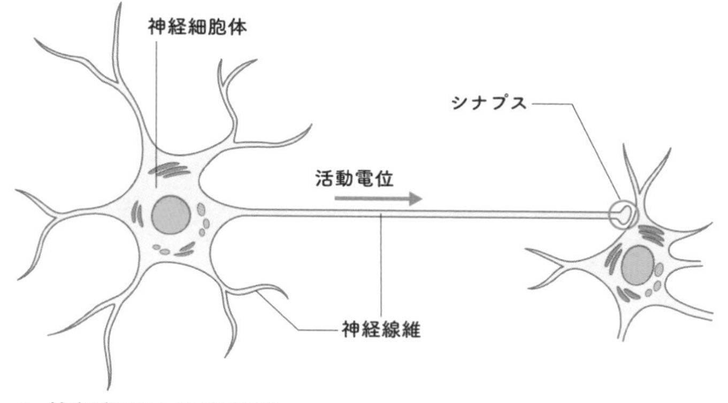

▲ 神経細胞と神経線維

中枢神経、脳と脊髄から出て全身の組織・臓器に分布する糸のような神経を**末梢神経**といいます。中枢神経も末梢神経も素材は同じです。

神経組織を作る細胞は**神経細胞**(**ニューロン**)とそれ以外の神経膠細胞(グリア)です。神経細胞の特徴は、細胞体から多くの突起(**神経線維**といいます)を出していることです。

神経細胞が刺激を受けると、**神経伝達物質**という情報を伝える物質が放出され、刺激が次々と伝えられて情報として脳に到達します。神経線維には、刺激・情報という「電気」が流れているとイメージするとわかりやすいでしょう。この神経線維が束になったものが眼に見える1本の神経です。

たとえば、脳から足の先の筋肉に収縮命令を送るとします。最も長い神経線維でも1m程度なので、単独で足先まで収縮命令を伝えるのは不可能です。そこで、神経線維は体中にある神経線維どうしによるリレー方式によって遠方に情報・指令を伝えます。神経線維のつなぎ目を**シナプス**といいます。

このように、脳からの指令は必ず神経線維という有線を伝わります。からだの中では無線によるネットワークは採用されていません。

親指が人類に文明をもたらした!?

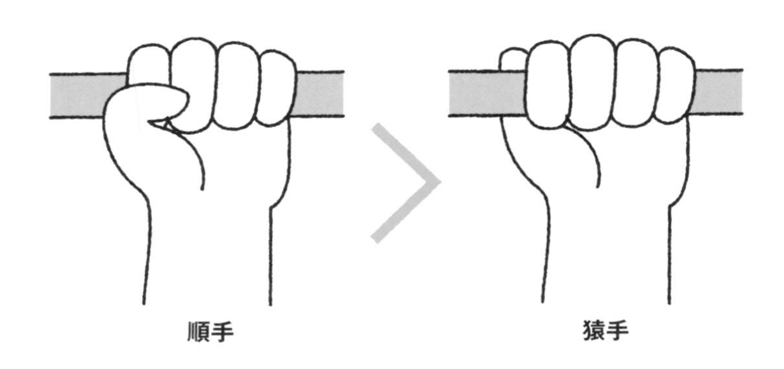

小学生の頃、体育で鉄棒をする際に、先生に「猿手は危ないよ」と注意されたことがありませんか。「猿手」とは5本の指全部を鉄棒の上から前方に引っ掛ける持ち方です。それに対して、親指以外の指は上から、親指だけを鉄棒の下から前方に回してつかむのを「順手」といいます。単に鉄棒にぶら下がるだけならどちらでも差はありませんが、逆上がりや何度も速く回転するような鉄棒運動では、「猿手」では手が鉄棒から外れて落ちてしまいそうになります。「猿手」は握りがあまいのです。

指で物(例：コイン)をつまむとき、親指と他の指を向き合わせるとうまくいきますが、親指以外の2本の指でつまむのは簡単ではありません。隣り合う2指の間に挟むだけなので、落としてしま

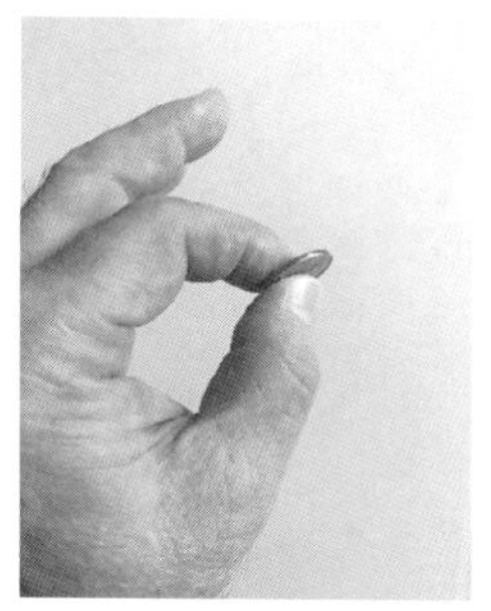

▲親指と人差し指の対立

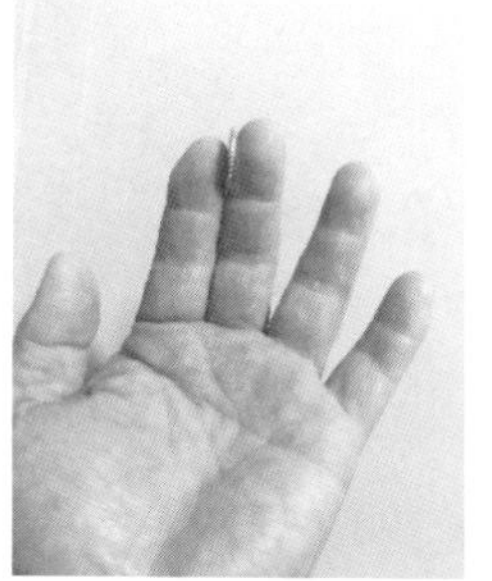

▲隣り合う2本の指でつまむと…

いそうです。

親指は他の4本の指のいずれとも指の腹どうしを合わせることができます。この運動を**対立運動**と呼びます。しかし、親指以外の指どうしでは対立はできません。なぜでしょう？

親指は途中の関節が一つ、つまり骨は2本しかありません。また、親指だけ他の指より手首に近いところにあります。親指の付け根にある関節とさらに手首に近い母指球という筋肉の膨らみの中に埋まっている関節は、他の指の同じ位置の関節とは形が異なっています。また、親指を動かす筋は他の指を動かす筋よりも数が多く(8種)、特に**母指対立筋**(ぼしたいりつきん)と**短母指屈筋**(たんぼしくっきん)は、親指の対立運動を引き起こす重要な筋です。

このように、骨の数、関節の形、そして動かす筋の種類が親指だけ他の指と違っていることが、対立という親指の特殊な機能を可能にしているのです。

ヒトは直立歩行が可能になったことで、手を歩行以外のことに使えるようになりました。そして対立運動ができることによって、道具を作り、火を起こし、文字を書き、楽器を演奏し、PCを操作するようになりました。人類が高度な文明社会を作り上げることができたのは、親指のおかげでもあるといえるでしょう。

恒常性の維持（ホメオスタシス）　セットポイント　体温調節中枢

23 体温や水分量を一定に保つホメオスタシス

健康な人の体温（表面体温）は、40℃近い気温でも、氷点下でも、常に36℃前後に維持されています。また、血液検査をするとさまざまな血中物質の値が計測できますが、健康な人では大部分の値が正常範囲に収まっています。

人体には体内の環境を一定に保とうとするはたらきがあり、これを**恒常性の維持**（**ホメオスタシス**）と呼びます。なぜ体内の環境は一定でなければならず、どのようなメカニズムで維持されているのでしょうか？　体温を例にとって解説しましょう。

からだの中で起こっている生命活動はすべて化学反応の結果です。化学反応を速やかにすすめる（それ自体は化学反応によって変化しない）物質を**酵素**と呼び、この酵素の活動に適した体内の温度は

37℃です（体表面では36℃台）。体温が5、6℃上下するだけで、酵素のはたらきは大幅にダウンし、多くの化学反応は滞ります。つまり、人体のさまざまな機能がうまくいかなくなって体調が悪化し、ひどい場合は死に至ります。

体温を何度に維持するか（**セットポイント**、正常は37℃）は、脳の視床下部（ししょうかぶ）にある**体温調節中枢**が決めます。体温を感じるセンサーは皮膚、粘膜（ねんまく）、内臓に広く分布し、体温の情報を視床下部に送ります。体温が37℃を超えていると、視床下部から体温を下げるはたらきを起こすように指令が出ます。すると自律神経を介して汗腺から**発汗**を促し、皮膚の血管を拡張させて皮膚からの熱の放散を高めます。逆に体温が低くなっているという情報が届くと、体温調節中枢は**身震い**で筋肉の運動を起こし、その結果として熱を発生させ、皮膚からの熱の放散を減らすために血管を収縮させます。

病気になると発熱することがよくありますが、これは感染した細菌、壊れた組織、腫瘍細胞（しゅようさいぼう）などから発熱物質が遊離し、この発熱物質が体温調節中枢のセットポイントを上昇させるためです。一方、解熱薬にはこの発熱物質を抑えるはたらきがあるため、服用した結果、セットポイントが元に戻ります。

▼体温の上昇/低下に対する生体の反応

	寒いとき⇒体温低下	暑いとき⇒体温上昇
骨格筋	収縮（身震い）	弛緩（できるだけ動かない）
汗腺	発汗が減る	発汗が増える
体表付近の血管	収縮（血流減少）	弛緩（血流増加）
立毛筋	収縮（鳥肌）⇒体表に保温層	弛緩

この他、体内の水分量を尿量の増減によって常に一定に維持するはたらきもホメオスタシスによるものです。

1回心拍出量　心拍数　心尖拍動

24 生まれる前から死ぬまではたらき続ける心臓

心臓は血液を全身に送るポンプであることは皆さんご存じでしょう。では心臓はいつからいつまではたらくのでしょうか？　実は、妊娠6週（受精卵ができてわずか4週）には心臓の動きを超音波検査で確認できるそうです。なんと、生まれる8カ月前です！　そして生きている間、就眠時でも心臓は止まることなくはたらき続けます。死ぬときは必ず心臓が止まるので、心臓の実働期間は、持ち主の寿命よりも約8ヵ月長いということになります。

心臓が1回の収縮で送り出す血液の量（約70 mL）を**1回心拍出量**といいます。そして1分間の心臓の拍動数（成人の場合、安静時は約70回）を**心拍数**といいます。1分間に心臓から送り出される血液の

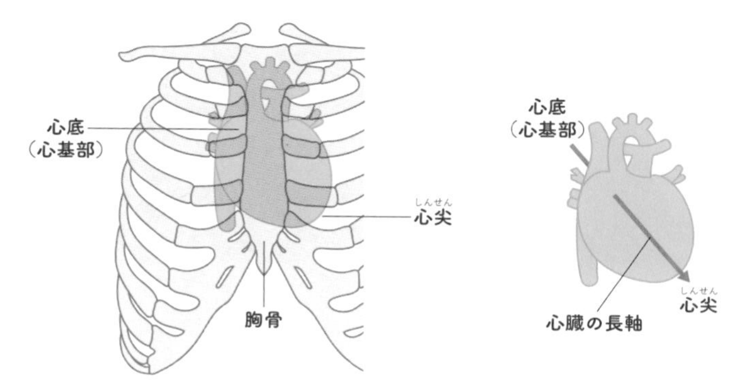

▲ 心臓の位置と長軸

量は、（1回心拍出量）×（心拍数）で計算でき、70mL×70＝4,900mLとなり、1分間に約5Lの血液を送り出していることになります。

このペースだと、一生（80年）の心臓の拍動数は30億回を越え、心臓から送り出される一生での血液の総量は2億1,000万Lを越えます。心臓のタフさには驚くばかりです。

ところで、心臓はどこにあるでしょう？　と聞くと、皆さん左胸を押さえます。しかし、X線写真で見ても、解剖して直接確認しても、心臓は胸の真ん中（胸骨（きょうこつ）の後ろ）にあります。心臓は左胸にあると錯覚するのはなぜでしょうか？

心臓の長軸は上下まっすぐなわけではなく、右上（心底、心基部）から左下（**心尖**（しんせん））に向かって斜めに走っています。心臓で一番大きく、かつ強く拍動するのは心尖であり、心尖拍動を感じる部分は胸の中心よりも数cm左にずれます。よって、心臓は左胸にあるように錯覚しているのです。

心臓マッサージは仰向けで横たわっている患者の**胸骨の真上に両手の付け根の部分を重ね**て、体重をかけまっすぐに胸を押し下げます。心臓がその真下にあるからです。決して、左胸を押してはいけません。肋骨（ろっこつ）が折れてしまいます。

25 心臓のはたらきを時々刻々調節する自律神経

私たちが眠っている間も、心臓は休むことなく拍動を続けています（㉔参照）。ちょっと休ませてあげようと思っても、心臓を止めることはできません。緊張すると心臓がドキドキしますが、これを静めようと思ってもうまくいきません。そう、心臓は持ち主の意思とは無関係に拍動しているのです。

意思と無関係にはたらく、あるいははたらいていることが意識されない（気づかれない）はたらきは、**自律神経**にコントロールされています。自律神経は**交感神経**と**副交感神経**という相反する作用をもつ二つの成分からなります。

歩く、走る、荷物を運ぶなどの運動をした場合、多くの筋を収縮させるのでエネルギーが必要です。エネルギーを必要としている骨格筋(こっかくきん)に酸素をどんどん送る必要があります。そのため、心臓から送り出される動脈血(酸素が豊富に含まれる血液)の拍出量を増やします。**脳幹**(のうかん)にある**心臓中枢**から、**1回心拍出量**(㉔参照)と心拍数を増やす指令が発せられ、交感神経を興奮させます。

具体的には、心臓に分布する交感神経の終末から放出される**ノルアドレナリン**によって心臓の収縮のペースメーカーである洞房結節(どうぼうけっせつ)から起こる心収縮刺激の頻度が高まり、心拍数が増えます。同時に、各心筋線維はより強く収縮し、1回心拍出量が増えます。

一方、安静時や睡眠中のようにエネルギーの消費が少ない場面では、酸素供給を減らしても問題ありません。この場合、脳幹の心臓中枢は副交感神経を興奮させます。心臓に分布する副交感神経の終末から放たれる**アセチルコリン**により洞房結節からの心収縮刺激の頻度が低下して心拍数が減少し、心筋の収縮力が抑制されて1回心拍出量が減少します。

このように心臓の機能は自律神経によってしっかり管理されています。一方で、自律神経は精神心理状態と密接に関係するので、心臓は精神的・感情的な影響を受けやすいです。緊張・不安・ストレスにより心拍数は増加します。面接試験で試験官の前に座ったとき、自分の心臓の拍動音が聞こえるのはこのためです。

▼ 心臓に分布する自律神経の作用

	交感神経	副交感神経 (迷走神経)
神経伝達物質	ノルアドレナリン	アセチルコリン
心拍数	上がる	下がる
1回心拍出量	増える	減る

26 脳に血液を確実に送るしくみ、大脳動脈輪（だいのうどうみゃくりん）

脳の重さは体重のわずか2%にもかかわらず、心拍出量の20%近くの血液が脳に流れ込んでいます。つまり、脳は全身で最も大量の血液（酸素と栄養）を必要とし、血流不足に最も弱い臓器なのです。心肺停止が3分以上継続すると、たとえ救命できても脳に障害が残るおそれが高くなります。

心臓からでた血液を脳に運ぶ血管（動脈）は4本あります。

- **右内頸動脈**（ないけいどうみゃく）と**左内頸動脈**：側頸部（そくけいぶ）（首の横の部分で脈を触れます）を上に向かいます。
- **右椎骨動脈**（ついこつどうみゃく）と**左椎骨動脈**：脊柱（せきちゅう）（頸椎（けいつい））のすぐ横に沿って上に向かいます。

この4本の動脈はいずれも頭蓋底（とうがいてい）の孔を通って頭蓋腔（とうがいくう）（周囲を骨に囲まれた、脳が収まっている腔）に入ります。その後、この4本の動脈は、脳の底に密着した動脈の輪（**大脳動脈輪**）に合流します。脳に運ばれてきたすべての血液はいったん大脳動脈輪に入るのです。

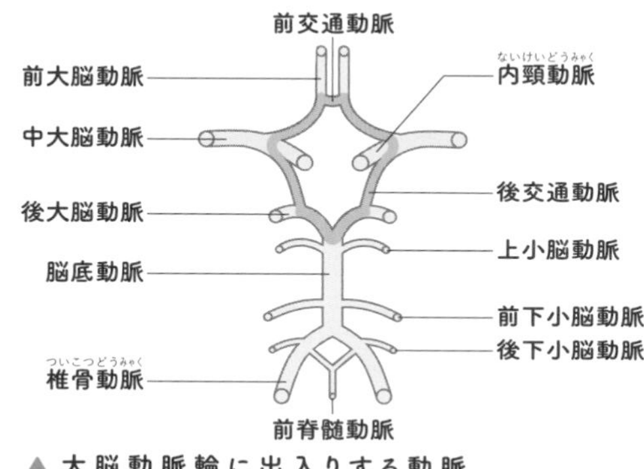

▲ 大脳動脈輪に出入りする動脈

大脳動脈輪からは、**前大脳動脈**、**中大脳動脈**および**後大脳動脈**（いずれも有対）がでます。つまり、4本の動脈を通って上行してきた血液は大脳動脈輪を経由して、大脳のどこへでも供給できるのです。なぜこのような血管のパターンをとっているのでしょうか？

実は、大脳動脈輪は重要な「安全保障」システムなのです。もし4本のうち1本あるいは2本が閉塞・狭窄して血液が流れなくなっても、他の正常な動脈からの血液が大脳動脈輪に流れ込むので、大脳のすべての部分への血流が確保できます。逆に脳の各部がお互い独立した動脈からしか血液供給を得られない血管系だと、その動脈が閉塞・狭窄したら、脳のどこかが血流不足に陥ります。大脳動脈輪のおかげで、脳の血流不足が回避されているのです。

岐阜大学の人体解剖実習では、毎年21体のご遺体を医学生が解剖しますが、そのうち1、2体に片側の内頸動脈または椎骨動脈の閉塞が見つかります。そのようなご遺体であっても、お亡くなりになったのは80代、90代なのです。このことから、大脳動脈輪によって脳血流が安定供給されていたと推測できます。

止血　血小板　血液凝固因子　血栓　塞栓

27 血液には出血を抑えるはたらきがある

よほど深い傷でない限り、出血はしばらく押さえていれば止まります（**止血**）。血液には血管の外に出るとかたまる（**血液凝固**）性質があるからです。止血の過程は以下の通りです。

止血のプロセスには一次止血とそれに続く二次止血があります。一次止血の主役は**血小板**です。血小板は骨髄で巨核球という細胞の細胞質がちぎれてできた成分です。血液1mLあたり20〜35万個含まれています。血管が破れると、傷口に血小板が集まってきて**血小板血栓**と呼ばれるかたまりを作ります。血小板血栓が傷口を防ぎ、応急的な止血ができます。続いて起こる二次止血には12種類の**血液凝固因子**が関与します。凝固因子は血漿タンパク質であり、発見された順番にⅠ〜XⅢまでの番号がつい

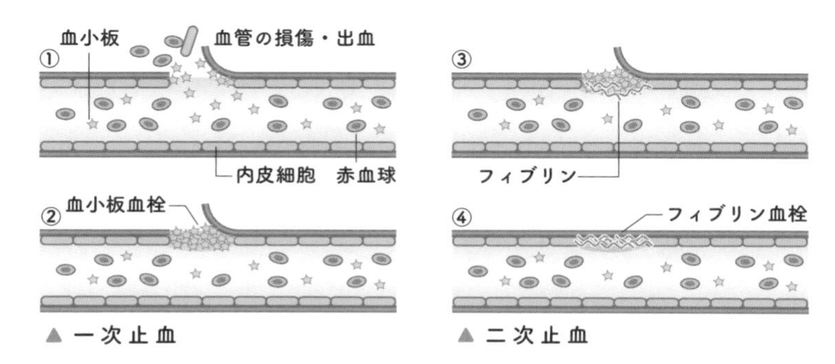

▲ 一次止血
▲ 二次止血

ています（「第Ⅳ因子」はありません）。ひとたび出血や血管の損傷が起こると、凝固因子は次々に活性化されて、止血に向けてはたらきます。最終的には、第Ⅰ因子であるフィブリノーゲンが線維状のフィブリンとなり、第XⅢ因子の作用で多数のフィブリン線維がつながって血小板血栓を補強します。

この止血のはたらきが低下して出血しやすくなった状態を出血傾向といいます。がんの治療（抗がん剤、放射線照射）やがんそのものが骨髄の造血能（血球を作る機能）を低下させると血小板の減少が起こり、出血しやすくなります。血友病の場合は、生まれつき血液凝固因子（第Ⅷ因子または第Ⅸ因子）がなく、血液凝固がうまくいきません。

血管の中を流れている血液は正常では凝固しませんが、動脈硬化や静脈炎などによって血流がかく乱されたり停滞したりするとそれが引き金になって血管内で凝固することがあります。血管内でかたまった血液を**血栓**（けっせん）といい、血栓によってその血管が詰まる状態を血栓症といいます。血栓が血流に乗って遠くに運ばれ、重要な臓器の血管を詰まらせる塞栓症（そくせんしょう）という病気もあります。長時間同じ姿勢を続けることで足の静脈に血栓ができ、肺動脈に達して起こる「エコノミークラス症候群」は誰にでも起こる可能性があるため注意が必要です。

リンパ球　抗体　抗原　ワクチン

28 細菌やウイルスに対する抗体を含む血液

細菌やウイルスに感染した際、異物である細菌・ウイルスを排除し、からだを守るはたらきを**免疫**と呼びます。血液中には、免疫で重要な役割を担っている**リンパ球**と**抗体**が含まれています。抗体はリンパ球によって作られたタンパク質の一種で、生化学的には**免疫グロブリン**(Ig)という種類に分類されます。免疫グロブリンには5種類あり、からだの中のさまざまな場面での抗体による生体防御に関わっています。

細菌に感染した場合、細菌の表面にある特殊な部位(**抗原**)を認識して、それに対する抗体が作られます。抗体は血液だけでなく体液中に広く含まれ、侵入してきた細菌表面の抗原に結合し、細菌を破壊します。

▼ 抗体の種類と特徴

種類	特徴
IgG	血液・体液中に最も多く含まれる。母体のIgGは胎児に移行する。
IgM	細菌を溶かすはたらきが強い。感染の初期に作られる。
IgA	粘膜の分泌液や乳汁に含まれる。
IgE	アレルギーを引き起こす。寄生虫感染で増加する。
IgD	B細胞の表面に存在し、抗体産生を誘導する。

ウイルスに感染した場合はやや複雑です。侵入したウイルスそのものに対する抗体も作られますが、いったん細胞内に入り込んだウイルスには抗体は近づけません。その場合は、ウイルス感染細胞の表面に出現する特殊な表面抗原を認識して、「殺し屋(キラー)」Tリンパ球がウイルスに感染した細胞を破壊する、という方法でウイルス感染に対抗します。

抗体は血液中に一定期間存在し、次に同じ細菌やウイルスに感染した際、それに対する「専用の武器」となります。抗体が血中に存在する期間は病原体の種類によってさまざまです。2020年からの新型コロナウイルス感染症の世界的流行に対するワクチン接種では、ワクチンを接種してから数カ月たつと、次のワクチン接種の案内が来ました。これはコロナワクチン接種によってできた抗体の血中濃度が数カ月ほどで低下するという事実に基づいています。

インフルエンザのワクチンは毎年冬の流行期の前に接種しますが、これは年によって流行が予想されるインフルエンザの型が異なる(つまり抗原が異なる)ことと、抗体の血中存在期間が数カ月以下であることが理由です。

リンパ管　組織液　リンパ節　胸管

29 リンパ管は体内の排水路

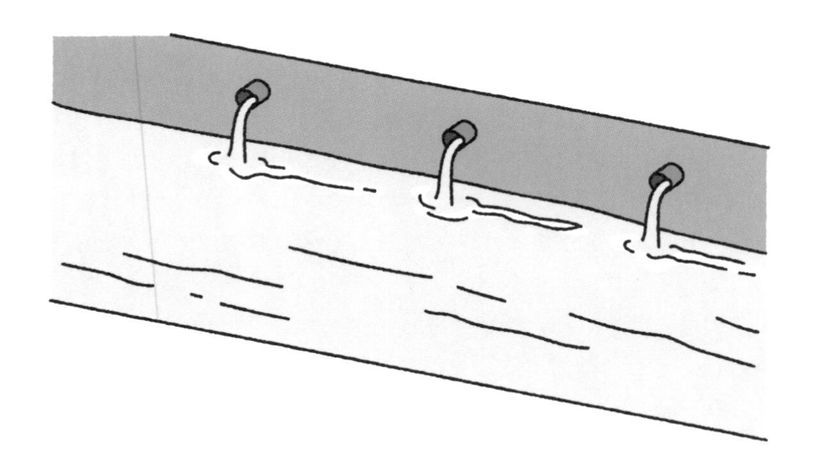

血液が血管を通って全身を巡っていること（血液循環）は、みなさんよくご存じですが、からだの中を巡っているもう一つの液体とそれを運ぶ管系があることはあまり知られていません。それは**リンパ管**を流れる**リンパ**です。

リンパ管は全身の組織中の過剰な水（**組織液**）を回収して、血液に戻す排水路のような役割をしています。雨が降った日、街中に降った雨は排水路に流れ込んで、河川に放出されますね。この排水路に相当するのがリンパ管です。

したがって、リンパ管のはじまりは末梢（まっしょう）組織です。過剰な組織液が**毛細リンパ管**に流れ込んでリンパとなります。血液を流す原動力は心臓の拍動ですが、「行き止まり」であることを指す

「盲端（もうたん）」としてはじまる毛細リンパ管内のリンパを流す特別な原動力はありません。近くの筋の収縮や太い動脈の拍動の力で、リンパを流しているのでしょう。

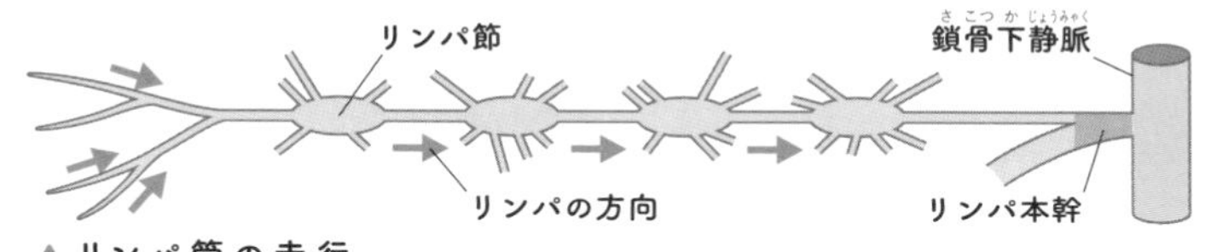

▲リンパ管の走行

毛細リンパ管は合流を繰り返しつつ徐々に太くなり、やがて内腔に弁をもつリンパ管となり、何度かリンパ節を経由します。弁によって、リンパの流れは心臓の方に向かう流れのみが許されます。

リンパ節はリンパ球がびっしり詰まった、径数mm以下の粒状の構造です。リンパ節に入ったリンパはろ過され、異物(細菌、ウイルス、がん細胞など)はここで捉えられます。**リンパ節は一種の生体防御器官**です。

全身のリンパ管は2本のリンパ本幹(**胸管**、右リンパ本幹)に集まり、左右の鎖骨下静脈に注ぎます。結局、リンパは血液に混ざるのですが、出発点の組織液自体が毛細血管からしみ出た血漿（けっしょう）なので元に戻ったことになります。

以上のように、リンパとリンパ管は過剰な組織液の回収が主たるはたらきなので、リンパがうまく流れないと、組織に浮腫（ふしゅ）(リンパ水腫)が起こります。

さて、ケガをすると血管が切れて出血しますが、このとき、リンパ管は切れているのでしょうか？　正解は、「YES」です。血管と同時に近くのリンパ管も切れています。しかし、出血するとすぐにそれがわかる真っ赤な血液と違って、リンパはほとんど無色透明なので「出リンパ」しても誰も気づかないのです！

30 脳を守る髄液(ずいえき)

脳は大事な臓器ですが、非常にやわらかく、外力に対して脆弱です。したがって脳は、周囲がすべて骨で囲まれた頭蓋腔(とうがいくう)に入っています。

さらに、脳は3枚の膜(**硬膜**(こうまく)、**クモ膜**、**軟膜**(なんまく)、3枚合わせて**髄膜**(ずいまく)といいます)で包まれています。クモ膜と軟膜の間には**クモ膜下腔**(まくかくう)というすきまがあり、そこに**髄液**(ずいえき)という液体が流れています。髄液は、脳内の空洞である**脳室**の壁にある脈絡叢(みゃくらくそう)で作られます。髄液は、四つの脳室を循環し、脳室を出て脳の周囲を取り囲むクモ膜下腔に流れ込みます。結局、脳の全周と脳の内部を髄液が流れることになり、脳は頭蓋腔の中で髄液にプカプカ浮かんでいることになります。

脳周囲の髄液は、外からの衝撃で頭が激しく揺れたときに、衝撃を和らげて脳が頭蓋骨の内面に衝突することを防ぎます。

脳の底面には多くの血管と脳神経が走っています。もし1,000～1,600g（成人）の重さがある脳がまともに乗っかってきたら、脳底部の血管と神経は押しつぶされてしまいます。実際は、髄液に浮いている脳は浮力により10分の1以下の重さになっているので、血管と神経がつぶされることはありません。

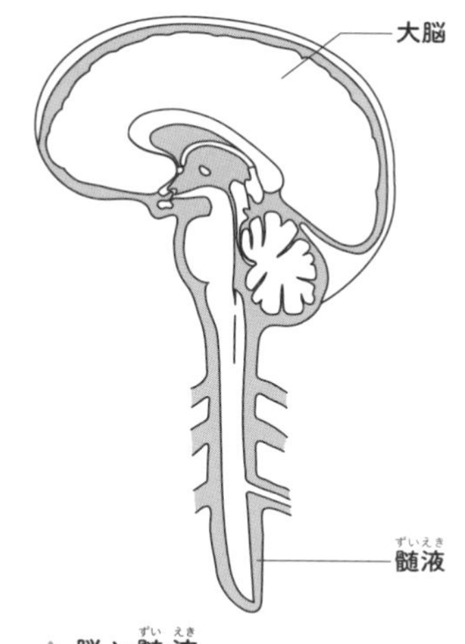

▲脳と髄液

脳以外の組織では組織液が増えたとき（浮腫）、過剰な組織液はリンパ管に流れ込みますが、脳にはリンパ管がありません。脳組織の過剰な組織液は、脳内外を流れる髄液中に排出されます。

髄液を作る脈絡叢には「**血液髄液関門**」という機能があります。これは髄液の組成を一定に保ち、脳に有害な物質が血液から髄液に入らないようにするためのものです。脳の物質化学的な環境は髄液によって安定し、その機能を十分発揮することができます。

なお、脳内に腫瘍や血腫（出血した血液がかたまったもの）ができると脳室系を圧迫し、髄液の流れがうっ滞します。脳室内の髄液が増えると**脳圧**が高くなって脳の機能を障害し、最悪の場合は脳幹が圧迫されて心臓や呼吸が止まることもあります。

ATP　エネルギーの通貨　ミトコンドリア

31 からだのエネルギー源、ATP

およそ地球上のすべての生き物は生きるために**エネルギー**を必要としています。あなたが生きるために決して欠かせないことを挙げてみてください。呼吸をしている、心臓が拍動している、一定の体温が維持されている……。呼吸するには呼吸筋を収縮させる必要があります。心拍動は心筋の収縮で起こります。体温の維持には熱の産生が必要です。これらの生命現象にはすべてエネルギーが必要です。

生物がエネルギーを必要とする場合、**アデノシン三リン酸**（**ATP**）がそのエネルギーを供給します。ATPはその日本語表記の通り、アデノシン（アデニン＋リボース）にリン酸が三つ結合したものです。リン酸とリン酸の間の結合は高エネルギーリン酸結合と

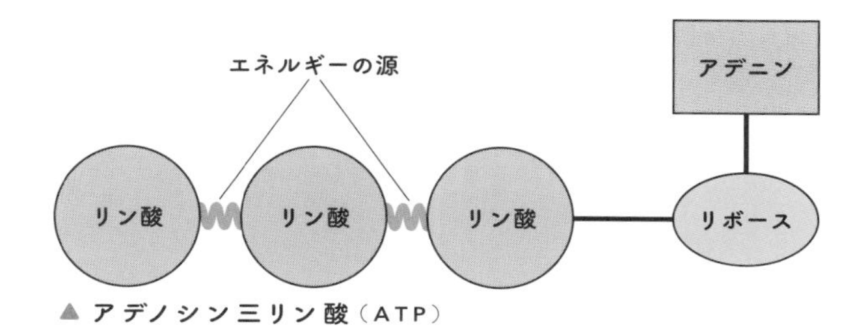

▲ アデノシン三リン酸（ATP）

呼ばれ、この結合が切れる際にエネルギーが放たれます。ATPは地球上のすべての生き物で使われている**エネルギーの通貨**です。

ATPは構造が不安定なので長時間保存することができません。したがって、細胞は構造が安定な糖質（グリコーゲン）や脂質を蓄えておいて、それを使って必要なときにATPを作ります。グリコーゲンは分解されて最終的に二酸化炭素と水とATPが作られます。

細胞内ではミトコンドリアがATP（エネルギー）を作る中心となるので、「細胞内の発電所」のような存在です。実際、エネルギーを大量に消費する骨格筋では、筋原線維（きんげんせんい）に沿ってミトコンドリアがずらっと並んでいますし、水や電解質を活発に運んでいる尿細管上皮細胞（にょうさいかんじょうひさいぼう）の基底部にはミトコンドリアが密集しています。

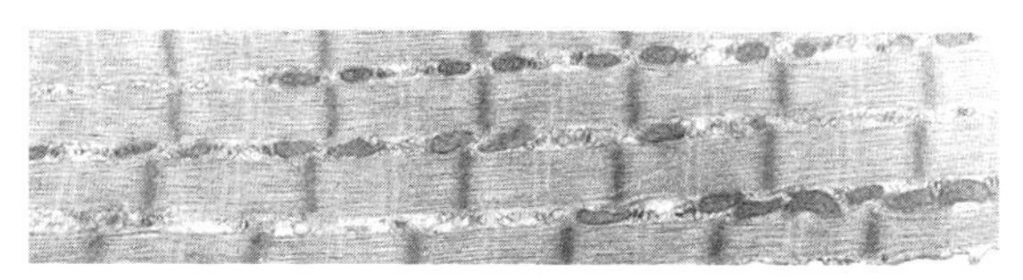
▲ 筋原線維に沿って並ぶミトコンドリア

さて、「青酸カリ」という毒薬の名を誰もが聞いたことがあるでしょう。たった0.2gの青酸カリを飲んだだけで人がひとり死んでしまう猛毒です。青酸カリが体内に入ると、ミトコンドリアの中でATPを作る電子伝達系という化学反応回路を止めてしまいます。エネルギー物質であるATPがなくなってしまうので、全身のすべての細胞がはたらかなくなり、死に至ります。

32 カルシウムは骨を硬くするだけではない！

カルシウムといえば、「骨と歯を丈夫にする」ことは小学生でも知っています。確かに、人体中には約1kgのカルシウムがあり、その99%はリン酸カルシウムの形で骨と歯にあります。アルカリ土類金属としてのカルシウムの特性の活用です。閉経後の女性では、女性ホルモンのエストロゲンの減少によって、骨に含まれるカルシウムが減少して**骨粗鬆症**（こつそしょうしょう）が増加します。

一方、量は少ないですが、**カルシウムイオン**（Ca^{2+}）の形で血液中や細胞内にもあり、さまざまな機能を演じています。

出血した血液がかたまる止血の過程では、多くの**血液凝固因子**（㉗参照）が反応していきますが、そのほとんどの過程でカルシウムイオンが必要です。カルシウムイオンがなければ、出血した血がかたまらなくなって大変なことになります。

運動神経の収縮命令を受けた骨格筋線維では、筋小胞体からカルシウムイオンが遊離しますが、このカルシウムイオンがトロポニンに結合してアクトミオシンの相互反応を引き起こします。

筋細胞以外の細胞でも、カルシウムイオンが細胞の機能に作用することが明らかになっています。筆者は、ホルモンをコントロールする下垂体前葉細胞にカルシウムイオンを強制導入したところ、一気にホルモンが分泌される現象を観察しました。カルシウムイオンが細胞の分泌能を高めることは他の分泌細胞でも証明されています。

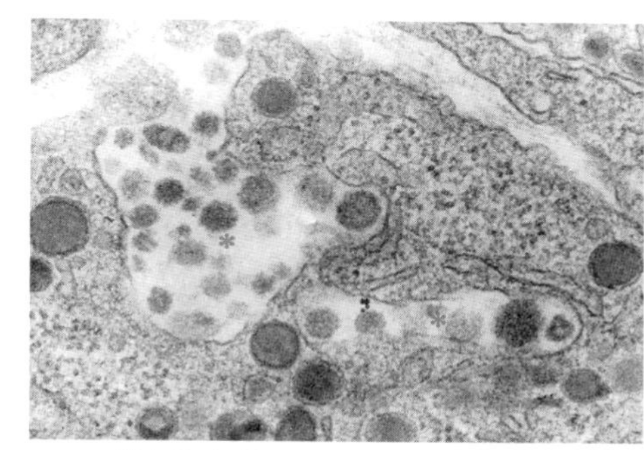

▲ Ca^{2+}を強制導入させた下垂体前葉細胞。多くの分泌顆粒の癒合放出像（＊）が見られる

このように、多くの重要な生命現象を調節しているので、全身のカルシウムイオンの量の調節は重要です。食事中に含まれるカルシウムは腸から吸収されます。過剰なカルシウムは腎臓から尿中に排泄されます。骨と歯は圧倒的な量のカルシウムの備蓄庫となっています。

これら複数の臓器・組織全体を網羅的に支配し、全身のカルシウム代謝を司るホルモンが2種類存在します。一つは副甲状腺（ふくこうじょうせん）（上皮小体）から分泌される**副甲状腺ホルモン**（パラソルモン）で、骨を溶かし、尿中への排泄を抑制して血中のカルシウムイオンの量を上げるはたらきがあります。もう一つは甲状腺（こうじょうせん）の傍濾胞細胞（ぼうろほうさいぼう）から分泌される**カルシトニン**で、カルシウムを骨に沈着させ、尿中への排泄を増やして、血中のカルシウムイオンの量を低下させます。

33 酸素の運び屋、ヘモグロビン

血液が赤いのは、血液中に含まれる**赤血球**の主成分である**ヘモグロビン**が赤いためです。ヘモグロビンは**ヘム**という**鉄**を含んだ色素と、**グロビン**というポリペプチドが4個集まったタンパク質です。ヘムは赤い色素ですが、この色はヘムに含まれる鉄（鉄イオン）の色です。

ヘモグロビンは酸素と結合する性質をもっています。厳密にいうと、酸素濃度の高いところではヘモグロビンは酸素と結合して**酸化ヘモグロビン**になり、酸素濃度の低いところでは結合していた酸素を離して**還元ヘモグロビン**になります。ヘモグロビンのこの性質を利用して、酸素濃度の高い肺で酸素と結合したヘモグロビンは、心臓から全身に送られ、酸素濃度の低い末梢（まっしょう）組織で酸素を離します。つまり、ヘモグロビンは酸素の運び屋なのです。図はヘモグロビンの酸素解離曲線です。肺と末梢組織での酸素飽

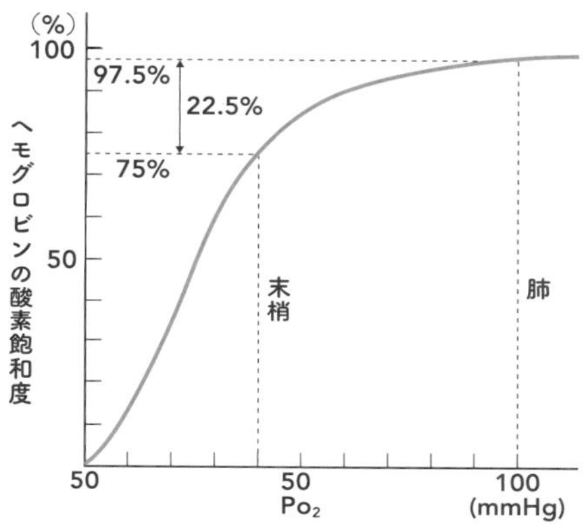

▲ 血液中の酸素（PO_2）と酸素飽和度の関係（酸素解離曲線）

和度の差に相当する酸素が、組織に渡されます。

ヘモグロビンは酸素以外のガス（たとえば一酸化炭素）とも結合します。ヘモグロビンと一酸化炭素の結合力は酸素の200倍以上なので、いったん一酸化炭素と結合したヘモグロビンは、もはや酸素と結合することができず、全身が酸素不足に陥ります。これが**一酸化炭素中毒**です。

血液中のヘモグロビンが不足した状態を**貧血**と呼びます。貧血の原因はいろいろありますが、一番多いのが**鉄欠乏性貧血**（てつけつぼうせいひんけつ）です。ヘモグロビンを作るために必要な鉄の摂取量が少ないことにより起こります。性成熟期（10代後半〜40代前半）の女性は、毎月の月経による出血のため、鉄欠乏性貧血になりやすいです。

よく、立ちくらみで立っていられなくなる状態を「（脳）貧血」と呼びますが、これは医学的には、急に立ち上がったり長時間立っていたりすることで低血圧になる「一過性脳虚血（いっかせいのうきょけつ）」であり本質的には貧血ではありません。

さて、お刺身を作るとき、魚を切ると赤い血が出ますが、タコやイカを切っても赤い血はでません。タコやイカではヘモグロビンではなく**ヘモシアニン**という、銅を含むタンパク質が含まれているため、うっすらと青みがかった血液が出てきます。

34 微量でも効果絶大なホルモン

ホルモンとは**内分泌腺**から分泌される液性物質で、生体のさまざまな機能を調節しています。内分泌腺から分泌されたホルモンは周囲の毛細血管に入り、血流に乗って全身に運ばれます。したがって、ホルモンは汗や消化酵素のように、体表や体表に続く体内の管腔（消化管や気道の腔）に分泌される必要がありません。

分泌されたホルモンが作用する組織・細胞には、そのホルモンと特異的に結合する**受容体**があります。受容体をもつ細胞であれば、全身どこにあってもそのホルモンの作用を受けることになります。

▼ホルモンの種類と主な作用

化学構造	内分泌腺	名称	主な作用
ペプチド	下垂体前葉	副腎皮質刺激ホルモン	副腎皮質ホルモンの分泌促進
		甲状腺刺激ホルモン	甲状腺ホルモンの分泌促進
		成長ホルモン	からだの成長
		プロラクチン	乳汁の分泌を促進
		性線刺激ホルモン	精巣と卵巣のはたらきを促進
	下垂体後葉	オキシトシン	乳汁の放出、子宮の収縮
		バゾプレシン	尿細管での水の再吸収を促進、血管収縮
	膵(すい)ランゲルハンス島	グルカゴン	血糖を上昇
		インスリン	血糖を低下
	胃(幽門腺)	ガストリン	胃酸分泌の促進
	十二指腸	セクレチン	電解質に富んだ膵液の分泌促進
		コレシストキニン パンクレオチミン	消化酵素に富んだ膵液の分泌促進、胆嚢収縮
	上皮小体(副甲状腺)	パラソルモン	血中Ca^{+}濃度の上昇
	甲状腺(傍濾胞細胞)	カルシトニン	血中Ca^{+}濃度の低下
アミノ酸誘導体	甲状腺(濾胞)	甲状腺ホルモン	全身の代謝を促進
	副腎髄質(ふくじんずいしつ)	アドレナリン ノルアドレナリン	心機能促進、血管収縮、血糖上昇
	松果体(しょうかたい)	メラトニン	性機能抑制
ステロイド	副腎皮質	コーチゾル	糖新生、抗炎症、抗ストレス
		アルドステロン	尿細管でのNa^{+}再吸収を促進
		男性ホルモン	男性の性徴発現
	精巣(ライディッヒ細胞)	テストステロン	タンパク質同化、男性の性徴発現、精子形成促進
	卵巣(卵胞)	エストロゲン	卵胞の成長、子宮内膜増殖、女性の性徴発現
	卵巣(黄体)	プロゲステロン	子宮内膜分泌促進、乳腺腺房発達促進、妊娠継続

化学構造でホルモンを分類すると、ペプチドホルモン、アミノ酸誘導体ホルモン、ステロイドホルモンに分かれます。

血中を流れているホルモンはきわめて微量です。比較的血中濃度が高い副腎皮質（ふくじんひしつ）ホルモンや甲状腺ホルモンでも、25ｍプール1杯の水にわずか1ｇの濃度で効果があります。

さらに体内の環境変化に即応してホルモンの分泌量は変化します。**インスリン**は膵臓（すいぞう）のランゲルハンス島のβ細胞から分泌されますが、血液中のブドウ糖（**血糖**）が低い空腹時は分泌量が少なく、食事をして血糖が上昇しだすとすぐにインスリンの分泌量が増えます。食後3～4時間もすると血糖は下がってきますが、それに反応してインスリン分泌量も低下します。インスリンの分泌が不十分、あるいは分泌されたインスリンの効きが悪いと、血糖の高い状態が続くことになります。これが**糖尿病**です。

さて、みなさんはホルモン焼きはお好きですか？　ホルモン焼きに使用する食材は動物の内臓（モツ）ですね。しかし、決してホルモンを分泌する内分泌腺（下垂体、甲状腺、副腎…）に限定したものではないし、タレにホルモンを使っているわけでもありません。肉を使ったあとの内臓は関西弁で「放るもん」なので、これが「ホルモン」に転化したという説もありますが……。

Chapter

3 どうして？からだの変化や反応のしくみ

35 太りやすい人と太りにくい人の違いは？

太るかやせるか、そのおおざっぱな説明としては、食物や飲料として摂取したカロリーと消費したカロリーの差が正か負かで決まります。

- 摂取カロリー＞消費カロリー　⇒　太る
- 摂取カロリー＜消費カロリー　⇒　やせる

摂取カロリーが多すぎる第一の原因は食べ過ぎですが、カロリー源の大部分を**糖質**（ごはん、パン、麺類、スナック菓子、甘い清涼飲料水など）から摂っている場合が最も問題です。これにさらに、運動をしない、寝転がってテレビを見たりイスに座ったままスマホをいじったりしている時間が長い、移動には近距離でも車を使う、という習慣がプラスされると、消費カロリーが大幅に減るので、最悪です。過剰なカロリーはどんどん脂肪に置き換えられて、**皮下脂肪**や**内臓脂肪**となります。

人類が地球上に誕生してから長い期間、人類は常に「飢餓（きが）」と闘ってきました。この過酷な歴史のなかで、次の獲物がいつ得られるかわからないので、人類は摂取したカロリーをできるだけ体内にため込むしくみを獲得しました。現代の先進国での飽食時代の食生活では、それが仇となって、**肥満**やそれに付随する**糖尿病**、**動脈硬化**といった病気を引き起こしているのです。

一方、摂取カロリーは多いものの、**タンパク質**をたっぷり摂っている人（スポーツ選手）は、最大の発熱器官である**骨格筋（こっかくきん）**の量が多く、運動量自体も多いので、消費カロリーが非常に増えて太りません。太りやすい人の多くはやはり運動量に比して食べる量が多すぎるのです。

消費カロリーには、安静にして生命を維持する（心臓の拍動、呼吸運動、体温の維持など）ために最低限必要な**基礎代謝**というエネルギーも含まれます。日本人男性では高校生の頃に最も高く（約1,600 kcal／日）、女性では中学生の頃に最も高くなります（約1,400 kcal／日）。以後加齢とともに基礎代謝は減少します。極端なダイエットで基礎代謝にすら届かないほどカロリー摂取を制限することは、命に関わる危険なことです。

肥満に関連する遺伝子は30種類以上知られています。そのうちの一つである「**ベータ3アドレナリン受容体遺伝子**」は脂肪細胞での脂肪の分解を促進します。この遺伝子に異常があると脂肪が分解されなくなり、内臓脂肪が増えて（つまり太りやすく）、糖尿病になりやすくなります。日本人ではこの遺伝子の異常率が高く（30%）、そのことだけだと日本人は欧米人よりも肥満者が多くなりそうですが、実際は逆です。それはやはり、バランスがとれた食事と称賛される日本食のおかげなのでしょう。「肥満は遺伝が3割、環境が7割」といわれています。

36 まぶしいときに目が閉じてしまうのはなぜ？

起きている間、一定の間隔で眼が閉じる現象を**まばたき**といいます。まばたきをその目的によって分類すると、以下の3種類があります。

① **周期的まばたき**：自然に起こるまばたきです。幼児では1分間に3～15回、大人では15～20回程度、高齢者ではさらに回数が多い傾向があります。周期的まばたきの目的は、**眼球の表面をいつも新しい涙の層で被うこと**です。涙は泣いていなくても、いつもちょっとずつ涙腺から出ています。眼の表面にゴミや細菌などの異物が付かないように、眼の表面が乾燥しないように、眼の表面をいつも涙で洗い流しているのです。まばたきは、涙を眼の表面全体に行きわたらせるために不可欠です。

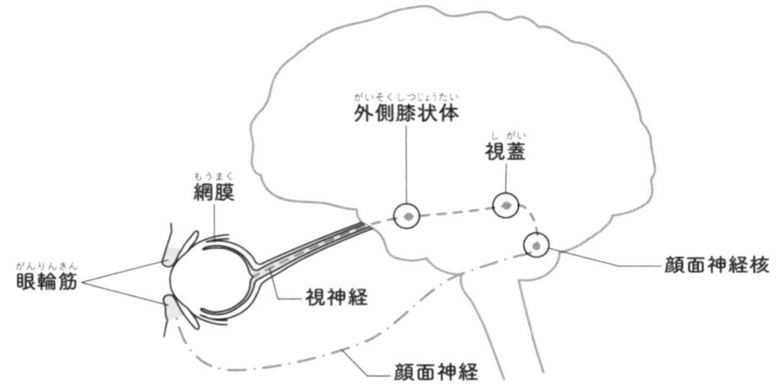

▲ 光刺激による瞬目反射の神経回路。網膜⇒視神経⇒顔面神経核⇒顔面神経⇒眼輪筋

② **反射性まばたき**：まぶたや眼球の表面に何かが触れたとき、急に強い光が眼に入ったとき、急に大きな音がしたとき、さらに急に目の前に物が現れたときに、反射的に起こるまばたきです（瞬目反射）。「まぶしいときにまぶたが閉じる」のはこのまばたきです。この種のまばたきは眼を保護するための一種の防御反応といえます。「反射」なので、無意識・瞬間的に起こります。

光を感じるのは眼球内の**網膜**（もうまく）です。網膜で感じた光は**視神経**を通って脳に伝わります。途中で外側膝状体（がいそくしつじょうたい）と視蓋（しがい）という中継点を通り、脳幹（のうかん）の**顔面神経核**に情報が伝わります。それを受け、顔面神経核から眼輪筋（がんりんきん）の収縮命令が発せられます。眼輪筋は、まぶたの中を、輪を描いて走る筋で、収縮するとまぶたが閉じます。

③ **随意的まばたき**：意識的にまばたきを起こす場合です。ウインクなどがこれにあたります。

陸上で生活する動物はほぼすべて、まばたきをします。イヌやネコも、回数が少ないだけで（2、3回／分以下）やはりまばたきをします。遥か昔、生物はみな水中にいましたが、やがて生物は約4億年前から陸上でも生活するようになりました。眼球の乾燥を防ぎ、眼を守る必要から、まばたきという機能を獲得したと考えられています。

37 赤ちゃんはなぜ体温が高い？

赤ちゃんを抱くと、ポカポカしていますよね。これは赤ちゃんの体温が大人よりも高いためです。**新生児**（生後１週間まで）と**乳児**（生後１年まで）の体温は36.7～37.5°C、成人の体温は36.0～37.0°Cなので、明らかに高いことがわかります。

赤ちゃんの体温が高い理由の一つとして、**皮下脂肪が少なくて体温が下がりやすいので、体温を高めに保つようになっている**ことが挙げられます。「赤ちゃん」の名前の通り、生まれて間もない新生児の肌は赤く見えます。これは皮下脂肪が少ないために皮下の血管（の中の血液）の色が透けて見えているのです。出生時の体脂肪率は13％程度といわれています。その後乳児期に急激に増加し、生後１年では20～25％まで増加します。からだつきもふっ

▼ 赤ちゃんの体温の特徴と必要な対応

特徴	・生まれてすぐ（新生児）は体温が高く、成長とともにだんだん下がってくる ・体温調節機能が未発達 ・外気温、室温、衣服・ふとんの枚数の影響を受けやすい
対応	・36℃以下の場合、室温を上げる、衣服やふとんを増やす ・37.5℃までは様子（哺乳、機嫌）を見る ・38℃以上はすぐ受診

くらしてきて、肌の色も赤→ピンク→白と変わっていきます。

また、赤ちゃんは**体重あたりの食事**（母乳やミルク）**摂取量が多いため、代謝によって発生する熱の量が多くなり、体温が高くなる**ようです。新生児は1日平均10回程度に分けて母乳を飲みます。これにより得ているカロリーは体重1kgあたり90～120kcal／日になります。この値は、第二成長期である15歳前後と比べて3倍近くです。生後1年間の成長は著しい（体重は3倍、身長は1.5倍になります）ですが、それにしてもカロリー摂取が多いため、体温に反映されていると考えられます。

赤ちゃんは**体温調節機能**が未熟なため、体温を平熱に維持するのが苦手です。したがって、外気温や室温の影響をすぐに受けてしまいます。衣服やふとんの枚数にも影響を受けます。体温が36℃以下であれば室温を上げるなどの対策が必要です。

赤ちゃんの体温がいつもより高い場合、何℃であれば「**発熱**」とするか、子育て中の方は判断に迷うことがあるでしょう。小児科医のご意見を要約すると、「**37.5℃までであれば、赤ちゃんの様子**（哺乳、機嫌など）**がいつもと変わりなければ様子を見ましょう**」「**熱が38℃以上になり哺乳力が弱く、機嫌が悪くなっていればすぐに受診してください**」とのことです。

38 毛はどのように生え変わる？

毛は皮膚に埋まっている**毛根**と、皮膚の表面から出ている**毛幹**からなります。毛根は**毛包**という鞘（さや）に包まれています。毛根の最下端にある**毛球**は毛のもとになる**毛母細胞**の集団です。

毛母細胞の中で**幹細胞**が**細胞分裂**して、毛根と毛包に新しい細胞を供給することによって、毛は伸びます。毛の成長には1本ごとに周期（**毛周期**）があります。

新生期から次の新生期までの時間、つまり毛が抜けて、そのあとに生えてきた毛が元の長さになるまでに、頭髪で3〜5年、他の体毛では半年程度かかります。頭髪の休止期はわずかですが、わき毛や陰毛の休止期は成長期よりも長いです。

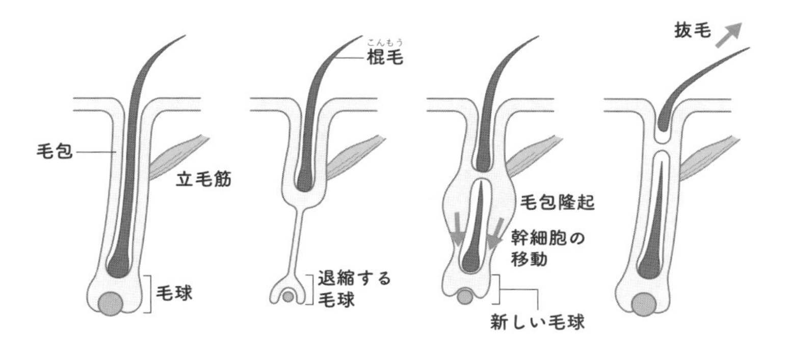

▲ 毛周期の流れ

▼ 周期ごとの特徴

成長期	退行期	休止期	新生期
毛球にある幹細胞が活発に細胞分裂し、新しい毛に細胞を供給して毛が伸びていく（1日に0.2mm）。	細胞分裂が止まり、毛の伸びが止まる。毛球が退縮して立毛筋付着部まで移動する。	古い毛は抜け落ちやすく、ブラッシングや洗髪で1日に50～100本程度抜ける。	毛包から新しい幹細胞を含んだ毛包隆起ができ、毛球に向かって幹細胞を送る。毛球の幹細胞が分裂を再開し、新しい毛を作る。

毛はもともと無色（白色）ですが、毛を作る細胞に黒い色素である**メラニン**が十分に供給されると黒くなります。メラニンは、毛球の中に存在する**メラノサイト**という細胞の中で作られます。

メラニンの合成能力は加齢とともに低下します。メラニンが供給されないまま伸びる毛は色が白いまま、つまり白髪になるのです。白髪になりやすい要因としては、高血糖、遺伝、ストレス、喫煙、睡眠不足、貧血などが挙げられます。また、**タンパク質**、**ビタミン**、**ミネラル**（特に**亜鉛**）などの栄養が不足すると、白髪になりやすいです。

コラム 2 毛が生えるところと生えないところ 禿げるのはなぜ？

性ホルモンが分泌されてくる思春期以降、全身の皮膚は、毛が生えているところと生えていないところに区別できます。一見生えていないようでも、よく見ると短くて細い**産毛**(うぶげ)が生えているところがたくさんあります。厳密にいうと、産毛すら生えていないところは、手のひら、足の裏、くちびる、男性の陰茎(いんけい)の先端、女性の小陰唇(しょういんしん)のみです。

▼ 体毛と部位

<table>
<tr><th colspan="3">毛が生えない場所</th><td>手のひら、足の裏、くちびる、陰茎先端、小陰唇</td></tr>
<tr><th rowspan="4">体毛</th><th rowspan="3">硬毛</th><th>男性毛</th><td>頭髪(前頭部、頭頂部)、ひげ、胸、背中、腹、陰毛上部</td></tr>
<tr><th>両性毛</th><td>わき毛、陰毛下部</td></tr>
<tr><th>無性毛</th><td>頭髪(側頭部、後頭部)、まつ毛、眉毛</td></tr>
<tr><th colspan="2">産毛</th><td>硬毛が生える部位以外のところ</td></tr>
</table>

全身の毛の**毛球**(もうきゅう)(皮膚の中にある毛の「根っこ」)は胎児期にできます。生後、毛が生え変わることはあっても、新しく毛球ができることはありません。胎児期と生後間もなくは、全身の毛はすべて産毛です。やがて頭髪が伸びてきますが、これは胎児期の産毛が抜けてやや太い**軟毛**(なんもう)が生えてくるためです。成長に伴い、部位によって軟毛はさらに太くて硬い**硬毛**(こうもう)に生え変わります。

産毛や軟毛は、ある程度**角化**(かくか)した細胞(中にタンパク質がたまって硬くなった、死にかけの細胞)のみからなりますが、硬毛はさらに表層に、著しく角化した細胞と豊富な**メラニン**を含む皮質をもっています。

思春期以降は**性ホルモン**のはたらきにより、**ひげ**、**わき毛**、**陰毛**、さらに人によってはそれ以外の部位に**体毛**が生えてきます。

毛が生えるところと生えないところは、先天的・遺伝的にほぼ決まっていますが、成長過程やホルモン環境にも強い影響を受けます。

頭髪が禿げる現象には男性ホルモンが深く関係しています。男性ホルモンの**テストステロン**は**5αリダクターゼ**という酵素によって**ジヒドロテストステロン**に変わります。ジヒドロテストステロンは毛母細胞のはたらきを低下させ、毛髪の伸びが減速します。つまり、毛があまり伸びないまま抜けていくことになり、薄毛となりやがて禿げるのです。この現象は頭髪のなかでも、男性ホルモンの強い影響を受ける前頭部(額の上)と頭頂部(つむじの周囲)で顕著です。

5αリダクターゼのはたらきの強さや、ジヒドロテストステロンとアンドロゲン受容体の結合しやすさは、遺伝することがわかっています。つまり、**禿げやすさは遺伝する**ということです。

禿げやすくなる要因は、高血糖、遺伝、ストレス、喫煙、睡眠不足、貧血など、白髪になりやすくなるものとほぼ同じです。また、頭皮が乾燥していると頭髪の育毛環境が悪化して禿げやすくなるとされています。

Ⅰ型アレルギー　花粉症　IgE抗体　マスト細胞

39 アレルギーは何が起きている？

からだの反応に関する言葉のうち、日常的によく聞くものの一つに「アレルギー」という言葉があります。

アレルギーの定義は、「**免疫反応によって引き起こされた、からだにとって不都合な症状**」のことです。さてアレルギーにはⅠ型～Ⅳ型の四つのタイプがあります。花粉症、食物アレルギー、気管支喘息のような一般的なアレルギー疾患は、**Ⅰ型アレルギー**に分類されます。日本人に最も多いアレルギー疾患である**花粉症**を例に、アレルギーの発症メカニズムを図と表にして説明します。

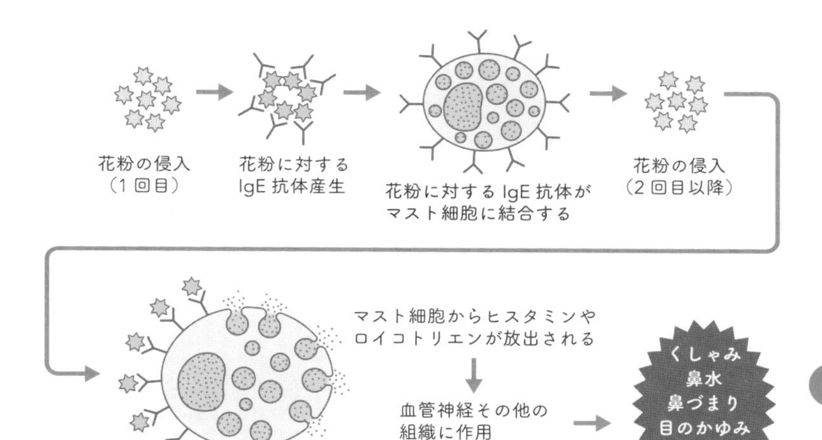

▲ 花粉症の症状出現までの流れ

▼ アレルギーの発症メカニズム

花粉症（Ⅰ型アレルギー）	
1	花粉（スギ、ヒノキ、イネ、ブタクサなど）が鼻粘膜や目から体内に入る
2	花粉は免疫機構によって「異物」と認識され、花粉に対する**IgE抗体**が作られる
3	作られたIgE抗体は**マスト細胞**に結合する
4	この状態で、再度、花粉が体内に侵入してくる
5	マスト細胞に結合したIgE抗体が花粉を抗原と認識して結合する
6	マスト細胞から**ヒスタミン**やロイコトリエンなどの活性物質が放出される
7	活性物質が血管や神経を刺激し、くしゃみ、鼻水、鼻づまり、眼のかゆみ、流涙などの症状を引き起こす

免疫とは本来、からだを異物から守るための高度な機能です。**アレルギーは、免疫が過剰に反応してしまうことによって、からだにとって不都合、不愉快な結果を招いている状態**であるといえます。

40 傷はどう治るの？

転んで膝をケガしたとしましょう。しばらく傷口を圧迫し出血を止め、絆創膏（ばんそうこう）を貼っておけば1〜２週間で治ります。比較的軽い**ケガ**（**創傷**（そうしょう））は、表のような過程で治癒します。

一方、傷口からの細菌感染や、血液の供給不足で損傷組織が死んでしまう（壊死（えし））と、治癒までに時間がかかります。また、高齢、糖尿病、低栄養状態、ステロイド薬・抗がん剤の使用といった要因のある人は、治癒の進行が遅く、不十分になります。子どもはよくケガをしてもすぐに治り、年を取ってくるとケガがなかなか治らないことを実感している方も多いでしょう。

以前は、「傷口は消毒して乾かすと早く治る」とされていましたが、最近は「湿潤療法（しつじゅんりょうほう）」という方法がよく用いられます。

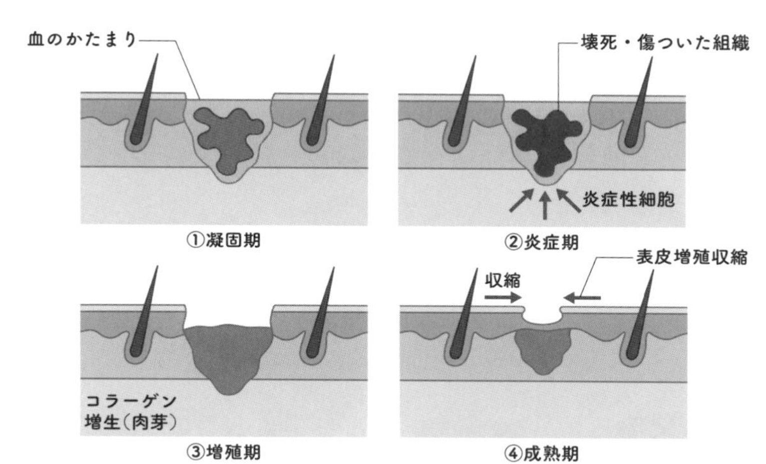

▲ 創傷の治癒

▼ 治癒の流れ

① 凝固期	傷口をしばらく押さえていると出血が止まる。血液がかたまり組織の欠損部を補てんする。
② 炎症期	毛細血管から血漿(けっしょう)成分がしみ出てくる。**好中球、マクロファージなどの炎症性細胞がやってきて、壊死・傷ついた組織を攻撃する**。リンパ球がやってきてサイトカインを産生する。受傷部位には**赤み**、**発熱**、**腫れ**、**痛み**の四つの兆候が見られる。
③ 増殖期	炎症が治まってくると、傷口では活発に**コラーゲン**が作られる。赤みを帯びてやわらかい**肉芽**(にくげ)という組織が生じる。
④ 成熟期	コラーゲンどうしが結合して丈夫になる。その結果、肉芽が収縮する。隣接する表皮が増殖して傷口を被う。

「湿潤療法」のポイントは以下の三つです。

1. 水道水で傷口を洗う
2. 消毒液やせっけんは使わない
3. 保護パッドで傷口が乾燥しないようにする

傷口から出る体液(浸出液)には、傷を治すさまざまな細胞のはたらきを高める効果があります。傷口を乾燥させると、この浸出液の効果を妨げてしまいます。消毒液やせっけんは、細菌だけでなく、傷を治す細胞や正常な細胞も殺してしまいます。細菌は水道水で流せばいなくなるので、消毒は不要です。

41 「遺伝」って何？

父　と　母　の　息子　と　娘

遺伝とは、親の特徴が子へ受け継がれる生命現象です。皆さんのご両親はいずれもヒト、その間に生まれた皆さんもヒトです。至極あたり前のことですが、これは遺伝による大事な現象であり、絶対に例外のない完璧な遺伝です。

一方、親子で顔が似ていることがよく遺伝の例として挙げられますが、絶対に顔が似るわけではありませんよね。「お父さん似」、「お母さん似」というように、親の一方に明らかに似ているのに、他方の親には似ていないケースがよくあります。

ではどのようにして、親の特徴（**形質**）が子に伝わるのでしょうか？　お父さん似・お母さん似があるということは、親の形質を決める因子が、血液のような液体で子の体内でそれらが混ざり

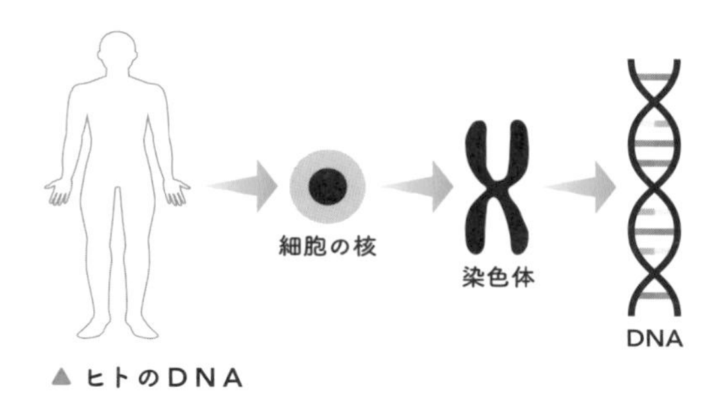

▲ ヒトのDNA

合って中間の形質になるわけではないことを示しています。もし混ざるものなら、子は父と母の中間の形質をもつはずだからです。

遺伝という現象を担っている因子の決め手となっているのは、1895年に報告された**メンデルの法則**です。メンデルはエンドウを使って実験を繰り返し、三つの現象（分離の法則、独立の法則、優性の法則）を発見しました。この法則は、親の形質を子に伝えるものが**粒子状**でなければうまく説明できません。この粒子状の遺伝因子はやがて**遺伝子**と呼ばれるようになりました。

遺伝子の本体は**デオキシリボ核酸**（略して**DNA**）であることは1940年代にわかりました。そして1953年に、DNAは**二重らせん構造**であることが提唱されました。二重らせん構造によって、細胞分裂の際にまったく同じDNAが複製されて、分裂した二つの細胞に等配分されることや、DNAからタンパク質を合成するRNAに遺伝情報が伝達されることがうまく説明できます。

遺伝子は細胞の核の中に保管されていて、細胞が作り出す**タンパク質の設計図**となります。ヒトの遺伝子の総数は22,000種ほどあります。核内にあるすべての遺伝子のセットを**ゲノム**と呼びます。ヒトのからだを構成する約60兆個の細胞は、すべて同じゲノムをもっています。なぜなら、からだのすべての細胞はたった1個の受精卵が分裂を繰り返してできたものだからです。

疲労回復　脳刺激　利尿

42 カフェインで目がさえるのはなぜ？

日常的に飲まれる飲料には、**カフェイン**を含むものがあります。「カフェインといえばコーヒー」と連想する人が多いでしょう。コーヒー以外にもお茶(日本茶、紅茶、ウーロン茶)、チョコレート、さらにはエナジードリンクや眠気防止ガムにも含まれています。

みなさんはコーヒーやお茶をいつ飲みますか？　一仕事終えてホッとしたとき、あるいは眠気を吹き飛ばしたいとき、という方が多いのではないでしょうか？　これはカフェインのもつ**疲労回復**作用、**脳刺激**作用によります。しかも飲んで30分もすれば、自分でもわかるほどその効果がはっきりと表れます。食品に含まれる成分で脳に直接はたらくものはあまりありません。脳は重要

▼カフェインを含む食品と含有量

食品名	含まれるカフェインの量
コーヒー(100mL)	60～100mg
日本茶(玉露)(100mL)	160mg
日本茶(せん茶)(100mL)	20mg
日本茶(ほうじ茶)(100mL)	20mg
ウーロン茶(100mL)	20mg
紅茶(100mL)	30mg
チョコレート(100g)	30～60mg
エナジードリンク(100mL)	30～300mg

な臓器なので、血液中の物質であっても脳には簡単には入れないようなしくみ(血液脳関門)があるからです。

カフェインはこの関門を通過し、脳に直接作用します。カフェインは神経細胞のつなぎ目であるシナプスでの、興奮性の神経伝達物質の放出を高めます。つまり、脳の神経回路を興奮させるので、意識がはっきりする、眠気が吹き飛ぶ、疲れを感じなくなる、注意力・集中力を高める、といった効果が表れます。

脳への作用以外には、**利尿**(尿を作る)、**代謝促進**(脂肪燃焼、熱産生)、胃液分泌促進、運動機能の向上といった効果もあります。運動能力を高めるカフェインは、かつては「ドーピング」に当たる禁止薬物でしたが、現在は対象から外れています。

カフェインは脳を覚せいさせる作用をもちますが、「覚せい剤」とはどこが違うのでしょうか？　覚せい剤はいったん服用しだすと、その薬をやめられなくなる性質(強い依存性)があります。カフェインの依存性はアルコールやニコチン(たばこの成分)の数十分の1程度しかなく、やめることは難しくありません。したがって、カフェインが社会的な問題になることはありません。

カフェインは飲んで30分もすると吸収されて血液中に入り、その効果は数時間継続します。カフェインを含む飲み物を上手に飲んで、その香りと効能を楽しんでください。

水利尿 利尿 抗利尿ホルモン

43 お酒を飲むとトイレの回数が増えるのはなぜ？

ビール、ワイン、日本酒、焼酎、ウイスキー……。どのお酒を飲んだとき、一番トイレが近くなりますか？　おそらくビールでしょう。ビールに含まれるアルコール濃度は5～6％です。ビール大瓶１本は633mLなので、この中に含まれるアルコールは約35g、それ以外は水（約600mL）です。

600mLを水だけで飲むのは大変だと思いますが、ビールなら飲めます。ここがまずポイントです。短時間に相当量の水を飲むので血液中の水が多くなりすぎて、それを尿としてどんどん排泄する（水利尿）のは、正常な生体機能です。

飲んだアルコールの20％は胃で、80％は小腸で吸収されます。胃から吸収されたアルコールは血中に移行し、飲んでまもなく作

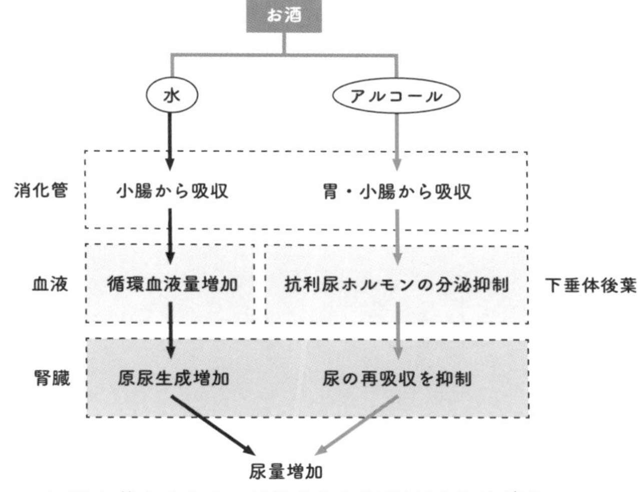

▲ お酒を飲むとトイレが近くなる（尿量が増える）流れ

用がはじまります。**アルコールは脳機能を全般的に抑制**し、それは酩酊（めいてい）と表現されます。

さらに、アルコールには**利尿**作用があります。脳の下にぶら下がっている下垂体という臓器の「後葉」から分泌される**抗利尿ホルモン**は、腎臓（じんぞう）の尿細管（にょうさいかん）での尿の再吸収を高めることによって尿量を減らします。**アルコールは抗利尿ホルモンの分泌を抑える**ため、尿量が増えます。お酒を飲んだときに頻繁にトイレに行きたくなるのは病気ではなく、アルコールへの感受性が高すぎて、抗利尿ホルモンの分泌抑制が強くかかりすぎるためだと思われます。

アルコールは肝臓で分解されて**アセトアルデヒド**、酢酸を経て二酸化炭素と水になります。アセトアルデヒドはからだに有害で、これが血中に増えると頭痛や吐き気が起こります。二日酔いは、飲んだ翌日までアセトアルデヒドが残っている状態です。

アルコールの分解には水を必要とするので、体内の水が使われて脱水状態になるおそれがあります。特にアルコール濃度の高いお酒を飲むときは、一緒に水を飲むようにしてください。

性の分化

XY　XX　SRY遺伝子

44 男性・女性に分かれるのはいつ？

男女に分かれていく過程は、全部で3ラウンドあります。

まず、第1ラウンドとして男女どちらになるかが**受精の瞬間**に決まります。性を決める性染色体は、男性の生殖細胞である**精子**は**XY**、女性の生殖細胞である**卵子**は**XX**の組み合わせをもちます。**受精卵**は、精子と卵子それぞれから1本ずつ染色体を受け継ぐので、受精卵はXXもしくはXYになります。XXとなった受精卵は女性になることが、そしてXYとなった受精卵は男性になることが運命づけられます。その後、受精卵は分裂を繰り返し、からだのさまざまな細胞、組織、臓器が形作られていきます。これを**分化**と呼びます。ここではまだ男女の差は現れておらず、生殖

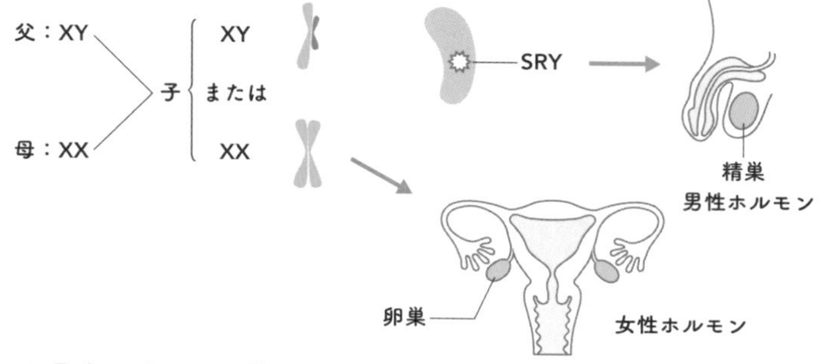

▲ 男女に分かれる流れ

細胞を作る臓器（**性腺**）のおおもと（原基）も男女で同じです。

第2ラウンドでは「性の分化」がおこります。性腺のもとが**精巣**と**卵巣**のいずれかに分化します。Y染色体には性腺を決める遺伝情報をもつ「**SRY**（Sex-determining Region on Y）**遺伝子**」があります。このSRY遺伝子がはたらきだすと、性腺原基は精巣に分化します。SRY遺伝子がない（染色体の組み合わせがXX）と、性腺原基は精巣にならず自動的に卵巣になります。

X染色体にはY染色体上のSRYのような、性を決定する遺伝子はありません。しかしXXの組み合わせでは必ず女性になることから、もともと女性になることがデフォルトであって、SRY遺伝子をもったY染色体が出現したことで、女性でない性（男性）が生じた、と考えられます。

続いて、第3ラウンド。精巣ができると、精巣から**男性ホルモン**が分泌され、からだのあらゆるところで男性特有の機能や特徴が備わっていきます。一方、卵巣ができると、卵巣から**女性ホルモン**が分泌されて、女性特有の機能や特徴が備わっていきます。

男性でも女性でも、その体内では男性ホルモンと女性ホルモンの両方が分泌されています。そのいずれが優位かによって、「**性徴**（男女の特徴の差異）」が現れます。たとえば、女性に男性ホルモンを継続投与すると、やがてひげが生えてきて、声が低くなり、筋肉質な体型になっていきます。

45 どうしていびきをかくの？

いびきとは、**鼻からのどまでの空気の通り道が狭くなり、その狭い部分を空気が通るときに粘膜（ねんまく）が振動して生じる音**です。なぜ眠っているときだけいびきが出るのでしょうか？

仰向けになると、鼻と口の境界をなす**軟口蓋（なんこうがい）**（俗にいう「のどちんこ」）と舌の付け根である**舌根（ぜっこん）**が、咽頭（いんとう）の方に落ち込みます。これによって咽頭の空気の通り道が狭くなります。鼻や口から吸い込まれた空気は、その狭い通路を無理して通ろうとするので、のどの壁が振動して「いびき」が生じます。起きているときは軟口蓋や舌根の落ち込みがないため、いびきが出ないのです。いびきの原因の一つとして、**肥満**があります。**肥満の人はのど回りや舌に脂肪がたまり、気道を狭めます**。中高年になると咽頭筋、舌筋の

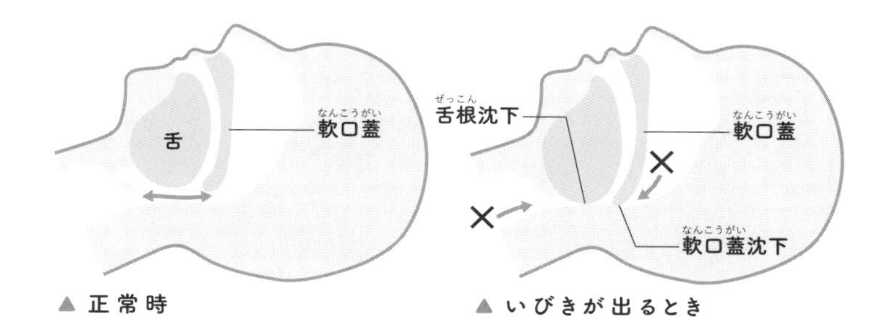

▲正常時　　▲いびきが出るとき

緊張が落ちてくるので、やはり気道を確保しづらくなります。首が太くて短い人は脂肪がたまっていることが多く、いびきをかきやすいです。**下顎が小さい人は、舌が下顎内に収まるスペースが制限され、舌根が咽頭に落ち込みやすくなります**。

アレルギー性鼻炎があると、鼻粘膜が腫れて鼻腔を閉塞します。必然的に**口呼吸**をせざるを得ませんが、口呼吸では下顎の骨の位置が、咽頭の方にずれるので、気道を圧迫しやすくなります。

寝る前に**飲酒**をすると、全身の筋が緩む傾向になります。のど周りの筋も同様で、飲酒によって気道の閉塞が促進されます。

女性は男性よりはいびきをかく確率は低いです。しかし、やはり中高年になるといびきに悩まされる方が増えてきます。女性は更年期に入ると、**女性ホルモン**であるプロゲステロンが減少します。その結果、軟口蓋、咽頭、舌の筋緊張が弱まり、気道の閉塞が起こりやすくなります。

横向きに寝るといびきが出にくくなります。軟口蓋と舌根の沈下が減少するからです。口呼吸を防止するために、口が開かないように上下の唇をテープで固定する方法もあります。

寝ているときにみる「夢」ってなんだろう？

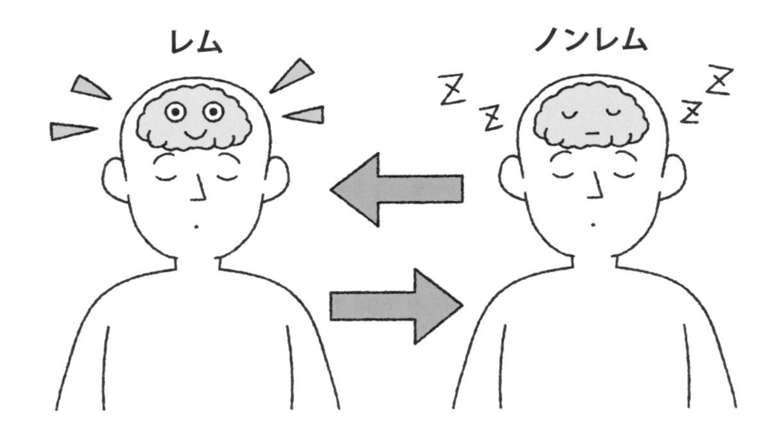

夢を「みる」といいますが、夢は目で見ているのではありません。**夢とは、睡眠中の脳のはたらきによる現象**です。睡眠中の脳の活動は夢以外にもあります。心臓の拍動や呼吸が睡眠中も続くのは、脳幹（のうかん）にある心拍動と呼吸の指令中枢が命令を出し続けているからです。睡眠中に何度か寝返りを打ちますが、寝返りを打つのに必要な筋肉の収縮命令は大脳皮質から出ています。

さて、夢は**睡眠の質**と関係が深いです。睡眠の深さについては、**レム睡眠**（REM睡眠）と**ノンレム睡眠**（non-REM睡眠）の2種類があることがわかっています。

REMとはRapid Eye Movement（急速眼球運動）の略です。睡眠中、まぶたの下の眼球がきょろきょろと動いている状態がレム睡眠と

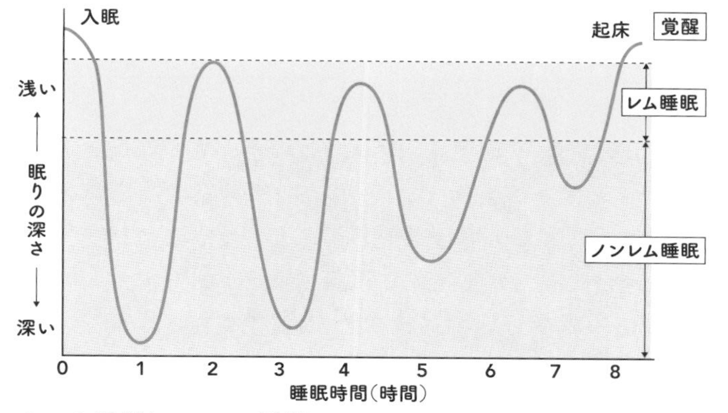

▲ レム睡眠とノンレム睡眠

いう浅い眠りで、眼球が動いていない状態がノンレム睡眠という深い眠りです。眼球を動かす外眼筋への収縮命令は大脳皮質から出ます。レム睡眠ではからだは休息していますが、脳は活動しているのです。

脳の活動状態を表す脳波を記録すると、レム睡眠時には覚醒時のやや眠いときの波（**シータ波**）が見られます。一方、ノンレム睡眠ではからだも脳も休息していて、脳波は覚醒時には見られない低周波の**デルタ波**が主体です。レム睡眠とノンレム睡眠は一晩の睡眠で、数回入れ替わることがわかっています。

脳は睡眠中、海馬という部位が膨大な情報を過去の**記憶**と結び付け、記憶の定着と消去を行います。この情報の整理のプロセスで、夢をみているのです。

レム睡眠とノンレム睡眠では脳の活動状態が違うので、みる夢の性質も異なります。レム睡眠の途中で起きた人は、具体的に夢の内容を説明できます。ノンレム睡眠の途中で起きた人は、夢を覚えていないか、内容が抽象的で言葉では表現できません。

夢をなぜみるのか、夢をみているときに脳のどこがどのように活動しているか、夢の内容はどう決まるのかなど、夢についてはまだまだわからないことがたくさんあります。

コラム 3 気になる思春期の変化「声変わり」

声変わりとは、男女とも、思春期に性ホルモンが増えることによって、喉頭(こうとう)(のどぼとけの位置)の形や発声器官である**声帯**の太さと長さが変化し、声の高さが変わることです。これは病気ではなく、成長過程に見られる正常な現象(**第二次性徴**)です。

男性は13～14歳頃、女性は12～13歳頃に性ホルモンの分泌が高まります。特に男性では、**男性ホルモン**の作用で喉頭軟骨(こうとうなんこつ)のうち最大の軟骨である**甲状軟骨**(こうじょうなんこつ)が前後に長くなり、甲状軟骨の前面にある**喉頭隆起**(こうとうりゅうき)(いわゆる「**のどぼとけ**」)が目立つようになります。それによって、声帯靭帯(せいたいじんたい)(⑦参照)が前後に引っ張られて長くなる(約10mm伸びる)と同時に、男性ホルモンの作用で太くなります。男性に比べて女性の甲状軟骨や声帯靭帯(3～4mm伸びる)の変化はわずかです。

声変わりの結果、高い声が出なくなる、声が裏返る、声がかすれるなどの症状が現れます。この時期が数カ月から2年ほど続き、最終的に男性は1オクターブ程度、女性は2、3音程度、声が低くなります。そして、やがて低い声に安定します。女性では変化の程度がわずかなので、気づかないこともあります。

なお、性同一性障害の治療で男性ホルモンを投与している方は、声がだんだん低くなってきます。これは思春期に起きる男子の「声変わり」を人為的に起こしているものです。その他にも、男性ホルモンの投与によって、月経がなくなる、体毛が濃くなる、筋力が増強するなどさまざまな変化(男性化)が起こってきます。

Chapter

4 なぜ、人は病気になるの？

器質性頭痛　機能性頭痛

47 頭痛にはどんな種類がある？

頭痛は、原因となる病変がある**器質性頭痛**と、原因となるような病変がない**機能性頭痛**に分類されます。器質性頭痛では、患者は「急に頭痛がはじまった」「これまでに経験したことがない激しい頭痛」などと表現し、発熱を伴う場合もあります。このような頭痛は頻度としては少数ですが、クモ膜下出血、脳出血、脳腫瘍、髄膜炎などの重篤な病気が原因となっている可能性があるので、すぐにCTやMRIによる検査が必要です。

頭痛の多くは機能性頭痛に含まれる**片頭痛**と**緊張型頭痛**です。片頭痛という病名は頭の片側だけが痛むことからそう呼ばれますが、実際4割くらいの患者は頭の両側の痛みを訴えます。女性に多く、頭痛の前にキラキラした光やギザギザの光が見える前兆

▼ 器質性頭痛と機能性頭痛

	頭痛の種類	原因
器質性頭痛	血管障害に伴う頭痛	脳出血 くも膜下出血
	血管以外の病変に伴う頭痛	髄膜炎（ずいまくえん） 脳腫瘍（のうしゅよう）
機能性頭痛	片頭痛	血管の異常反応
	緊張型頭痛	ストレス、不安症・うつ病、筋緊張

や、頭痛が起こりそうな不安感や眠気などの予兆を伴うこともあります。

いったん片頭痛が起こると、数時間から数日間、**ズキンズキンと拍動する頭痛**が続きます。頭痛とともに嘔吐する場合や、ふだんは何でもない光、音、においを不快に感じるという症状がよく現れます。強い頭痛が長時間続き、からだを動かすと頭痛が強まるので、患者は起きていることができず、生活に支障が出ます。片頭痛は**血管の異常反応**が原因だと考えられています。

緊張型頭痛では、**頭全体が締め付けられるような頭痛**が数日間続きます。患者はよく「帽子で締め付けられているような痛み」と表現します。片頭痛のような拍動は感じず、痛みの強さも軽～中程度なので日常生活は送れます。緊張型頭痛の原因として、**心理的ストレス、不安症・うつ病**（㊾参照）、**筋緊張**などがあります。

片頭痛にしても、緊張型頭痛にしても、長い期間付き合っていかざるを得ないので、信頼できる主治医を見つけることが重要です。発症時に服用する薬と予防的に服用する薬があるので、主治医に症状を詳しく伝え、自分に合った薬を処方してもらいましょう。

回転性のめまい　動揺性のめまい　失神発作

48 めまいはなぜ起こる？

めまいは頭痛と並んで、日常よく経験する不快な現象です。めまいは大きく分けて、「目が回る」「地球がグルグル回る」**回転性のめまい**、「フワフワする」「ゆらゆら揺れる」**動揺性のめまい**、「目の前が真っ暗になる」「頭から血の気が引く」**失神発作**の三つに分類されます。

回転性めまいの代表は**メニエール病**です。メニエール病は、からだの平衡感覚を司る内耳の中を流れている内リンパという液体が増えることが原因です。内リンパが増える理由はよくわかっていません。

メニエール病ではめまいの他に**耳鳴り**と**難聴**(音が聞こえにくくなること)も起こります。内耳には、音を感じる**蝸牛**(かぎゅう)とからだのバ

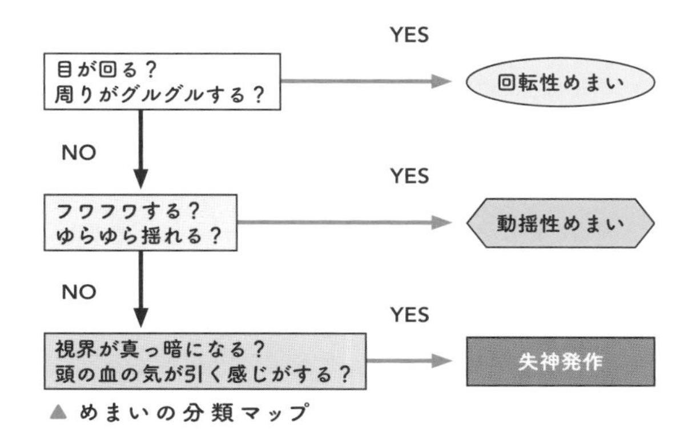

▲ めまいの分類マップ

ランスや加速度を感じる**前庭**（ぜんてい）・**半規管**（はんきかん）（⑭ 参照）がありますが、そのいずれにも内リンパが流れています。内リンパの量が増えて、蝸牛のはたらきが阻害されると耳鳴りや難聴が起き、前庭と半規管のはたらきが阻害されるとめまいが起こるのです。

脳の中に腫瘍（しゅよう）や血種（けっしゅ）ができたときに、場所によってはめまいが起きることがあります。めまい以外の症状（頭痛、言葉が話しにくい、手足がしびれる、物が二重に見えるなど）を伴うことが多く、原因である腫瘍や出血の治療が重要です。

動揺性のめまいは貧血、低血圧、低血糖が原因となることが多いです。高血圧の薬を飲みすぎて低血圧になってしまっている人にも、めまいが起こることがあります。

失神発作は、脳への血液供給が一時的に低下することが原因です。朝礼で立っているときや、採血中に起こることがあります。

このようにめまいの原因はさまざまなので、対処法もめまいの原因によって異なります。めまいが繰り返し起こるようであれば、専門の医療機関を受診すべきです。

49 うつ病ってどんな病気？

うつ病と聞いて、皆さんはどのようなイメージをもちますか？ 「気分が落ち込む」「やる気がでない」「好きだったことも楽しいと思えない」といったところでしょうか。

精神科医がうつ病を診断する際は、アメリカ精神医学会の『DSM-IV』という教科書の診断基準に拠っています。そこには、うつ病の症状として九つの症状が記されています。

主症状一つ以上を含む計五つ以上の症状が**2週間以上**続いており、そのために仕事や勉強ができず、患者が苦痛を感じている場合に「うつ病」と診断します。

患者はだるさ、不眠、食欲減退などの**身体症状**を訴えることがよくあるので、本人も周囲の人もからだの異常だと思ってしまい

▼うつ病による九つの症状

主症状	副症状
1.憂うつで悲しい気分 2.好きなことを楽しいと思えなくなる	3.食欲がなくなる、あるいは食欲が増す 4.不眠または過眠 5.あせり、もしくは感情がなくなる 6.だるい、何もする気になれない 7.自分は価値がない、悪いのは自分だ、と思い込む 8.集中できない、決断できない 9.自殺を考える

ますが、血液検査や尿検査、脳のCTやMRIで調べても異常は出ません。医師は患者の**自覚症状**から、うつ病と診断します。

なぜうつ病になるのでしょうか？　現在最も有力な説は、脳の神経細胞間の情報伝達に必要な神経伝達物質（**セロトニン**や**ドーパミン**）の減少あるいは機能低下によるというものです。セロトニンは精神を安定させ、幸福感を高めます。ドーパミンは気分を高揚させ、やる気が出ます（⑮参照）。うつ病の患者は血液中のセロトニンが減っているというデータがあり、**脳内のセロトニンの量を増やす抗うつ薬が奏功**します。

うつ病はまじめで、責任感の強い人に起こりやすい傾向があります。こうした性格の方は、**ストレス**をため込みやすいのでしょう。最も患者が多い40〜50代に加え、病気や親しい人との死別が増える高齢者にも多いです。

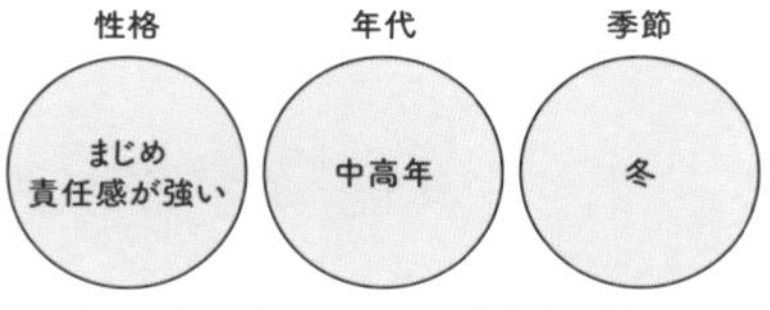

▲うつ病になりやすい（患者が多い）要因

うつ病の発症は冬に多いという季節性があります。セロトニンの合成には日光が必要で、日照時間が少ない冬は脳内セロトニンが低下するためと解釈できます。

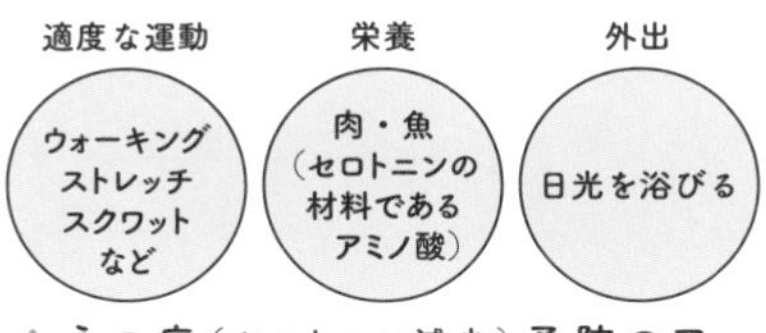

▲うつ病（セロトニン減少）予防のアクション

感染症では体内で何が起こっている？

感染症とは、眼に見えない**病原微生物**（**細菌**、**ウイルス**など）が体内に侵入することによって引き起こされる病気です。感染症では、その病原微生物が感染した部位に特徴的な症状と、生体がその微生物を排除しようとする共通の**炎症**反応の両方が起こります。細菌感染症を例にして説明します。

溶血性レンサ球菌の感染によって起こる**急性咽頭炎**（きゅうせいいんとうえん）では、咽頭の**発赤**（ほっせき）（赤くなること）、**腫脹**（しゅちょう）（腫れること）、**疼痛**（とうつう）（痛みを感じること）が生じます。**腸管出血性大腸菌による食中毒**（ちょうかんしゅっけつせいだいちょうきん）では、病原性大腸菌が食品を介して消化管に感染し、下痢、血便、激しい腹痛が起こります。**中耳炎**では、耳が痛い、耳詰まり、耳から膿が出る、難聴などの症状が出ます。

▼ 感染時の反応

	急性期	慢性期
出現する細胞	マスト細胞、好中球、マクロファージ	マクロファージ、リンパ球
起こること	細菌の貪食(どんしょく)、ヒスタミン／サイトカインの産生、血管拡張、血管透過性亢進(こうしん)	抗体の産生、線維化
自覚症状／他覚症状	熱感、発赤、腫脹、疼痛（炎症の四主徴）	ほぼ無症状

一方で、細菌がどの組織・細胞に感染しようが、感染部位ではほぼ同じ炎症反応が起こります。

炎症反応には急性期と慢性期の二つのフェーズがあります。病原微生物が侵入すると、病原微生物によって傷ついた細胞やマスト細胞が**炎症物質**（**ヒスタミン**、**サイトカイン**）を放出します。炎症物質は血管を拡張させて、炎症が起きている部分に**熱感**(ねつかん)（熱を感じること）と発赤をもたらします。さらに血管の透過性（血漿が血管の壁をしみ出ること）を高めて浮腫を生じ、その結果、局所は腫脹し、知覚神経を刺激して疼痛が生じます。サイトカインによって集まってきた**好中球**と組織に常駐する**マクロファージ**が、細菌を取り込み分解します。ここまでが炎症の**急性期**です。このときの熱感、発赤、腫脹、疼痛を**炎症の四主徴**といいます。

続いて炎症の場に、白血球の一種である**リンパ球**が集まってきます。ここからが炎症の慢性期です。マクロファージが、取り込んだ細菌の情報を細胞表面に提示します（**抗原提示**）。提示された情報をもとに、リンパ球のB細胞という細胞が**抗体**を産生します。

感染症の場合、炎症は比較的短期間で収まるものが多いです（**急性炎症**）。しかし、炎症が治りきらずに長引くことがあります（**慢性炎症**）。ウイルス性肝炎では、急性炎症が治りきらずに長引き、コラーゲン線維が増えて（線維化）、慢性肝炎に移行することがあります。

なぜ、がんになるの？

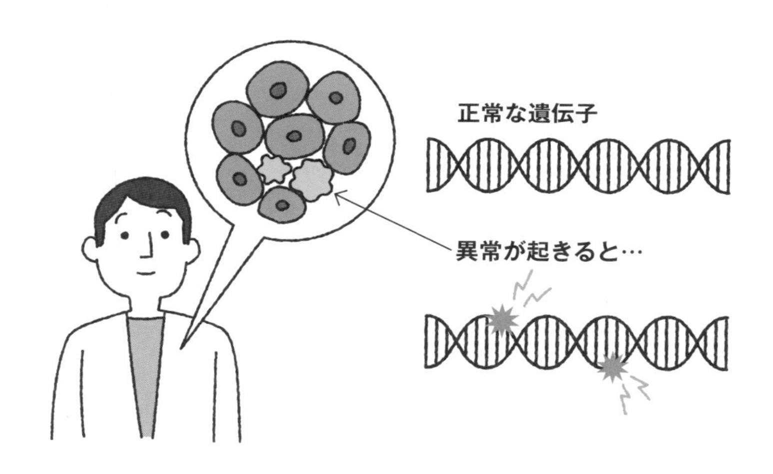

遺伝子は細胞の構造と機能に関わる設計図です。細胞が分裂する際に、その核の中にあるすべての遺伝子はコピーされ、分裂してできた新しい細胞に均等に配分されます。

遺伝子のコピーの際、ミスが起きて（**突然変異**）、元の細胞と異なる性質をもつ別の細胞ができてしまうことがあります。突然変異が起きた場合、そのほとんどの細胞が死にますが、ある遺伝子に突然変異が起きると細胞が死ななくなり、分裂が盛んになります。するとその細胞ばかりが増えて、他の細胞の居場所を奪うことになります。このような、細胞社会の秩序を乱す細胞を**がん細胞**といいます。

細胞の分裂増殖を高めるはたらきをもつ遺伝子を**がん遺伝子**、

細胞の分裂増殖を抑えるはたらきをもつ遺伝子を**がん抑制遺伝子**と呼びます。がん遺伝子のはたらきが強くなりすぎたり、がん抑制遺伝子のはたらきが弱まったりすると、がん化に対する抑制が効きません。

健康な人でも毎日5,000個程度のがん細胞が生まれますが、がん細胞は元の細胞とは顔つきが異なるため、異物とみなされて、免疫機構によって排除されます。また、細胞には**遺伝子修復機構**が備わっていて、遺伝子のコピーミスは自動的に修復されます。

加齢に伴い、遺伝子のコピーミスの頻度は高まる一方、免疫力は低下します。さらに、さまざまな環境要因に長年さらされてきた結果、遺伝子修復機構がうまく作動しなくなります。そのため、がんは高齢になるほど起こりやすくなります。

国立がん研究センターが推奨する「科学的根拠に基づくがん予防―がんになるリスクを減らすために―」では、表で示した5＋1項目を挙げています。できることから実践してみてください。

▼ がんのリスクを減らすための方針と内容

	方針	具体的な内容
1	禁煙する	たばこは吸わない 他人のたばこの煙を避ける
2	節酒する	純アルコール換算で1日23g程度まで
3	食生活を見直す	減塩する 野菜と果物を摂る 熱い飲みものや食べものは冷ましてから
4	からだを動かす	(18～64歳)歩行またはそれと同等以上の身体活動を1日60分以上/息がはずみ汗をかく程度の運動を1週間に60分以上(65歳以上)身体活動を毎日40分程度
5	適正体重を維持する	BMI(※)男性21～27、女性21～25
6	感染もがんの原因です	B型・C型肝炎⇒肝細胞がん ヘリコバクターピロリ菌⇒胃がん ヒトパピローマウイルス⇒子宮頸がん ヒトT細胞白血病ウイルスⅠ型⇒成人T細胞白血病

※BMI(Body Mass Index)＝$\frac{体重(kg)}{身長(m)^2}$

52 心筋梗塞はどうして起こる？

心筋とは心臓の壁を作っている筋肉のことです。心筋へ酸素を送る**冠動脈**（かんどうみゃく）の閉塞（へいそく）によって、その分布領域の心筋が死んでしまう病気を**心筋梗塞**（しんきんこうそく）といいます。

心臓は休むことなく収縮を繰り返している（24 参照）ので、心筋への血流は安定していなければなりません。したがって、左冠動脈と右冠動脈はいずれも、左心室から上行大動脈が出てすぐのところで分岐します。左冠動脈は心臓の左側（左心房と左心室）に分布し、右冠動脈は心臓の右側（右心房と右心室、一部左心室）に血液を送ります。

冠動脈が閉塞する原因は**動脈硬化**です。血中の**LDLコレステロール**が多いと、血管の壁内にLDLコレステロールが入り込みマ

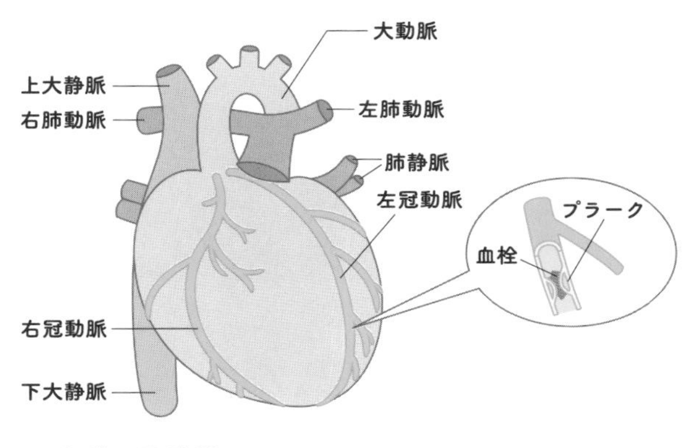

▲ 心臓と冠動脈

クロファージに取り込まれます。その周囲にカルシウムが沈着して、動脈が硬くなります。動脈硬化を起こしている部分の血管壁は、徐々に内腔に盛りあがって**プラーク**と呼ばれるコブになります。

プラークがちぎれたり、中身が飛び出したり、プラークが血流を乱してそこに**血栓**（血がかたまったもの）を作ったりすると、血管の内腔が詰まります。こうなると、詰まった先に血液を送れなくなるので、酸素欠乏によって心筋が死んでしまうのです。

心筋梗塞を発症すると、締め付けられるような激しい**胸痛**が20分以上続きます。痛みを感じる場所は必ずしも胸だけではなく、左肩、背中、上腹部、首、顎などさまざまです。心筋が死ぬと、心臓のポンプ作用が損なわれ、血流を全身へ送れなくなる**心不全**が起こります。**不整脈**や、**心臓の破裂**が起きることもあります。命に関わる緊急事態なので、すぐに救急車を呼ぶべきです。

心筋梗塞は日本人の死因の第2位（第1位はがん）です。動脈硬化を進行させる**加齢**、**高血圧**、**糖尿病**、**脂質代謝異常**、**喫煙習慣**があると、発症のリスクが高まります。遺伝的な要因もあるので、血縁者に心筋梗塞を発症した方がいる場合は要注意です。

53 糖尿病の原因は甘いものの食べ過ぎ？

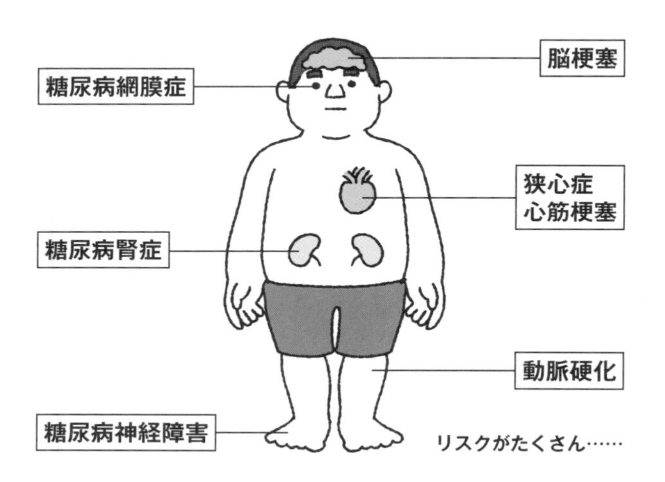

糖尿病は、その病名から尿に糖が混じること（尿糖）が問題であると思う方が多いようです。確かに尿糖は糖尿病の症状の一つですが、問題なのは血液中に含まれるブドウ糖（**血糖**）がすみやかに全身の細胞に入っていかないことなのです。

その結果、食後に上昇した血糖値がいつまでも低下せず、空腹時でも血糖が高い状態が続きます。それにより全身の毛細血管がむしばまれ、特に網膜、腎臓、末梢神経に悪影響を及ぼします。

なぜ血糖が高いままなのでしょうか？　血糖を下げるはたらきをもつ唯一のホルモンである**インスリン**は、膵臓のランゲルハンス島のβ細胞から分泌されます。このホルモンの分泌が不十分であること、あるいは分泌されたインスリンの効きが良くない

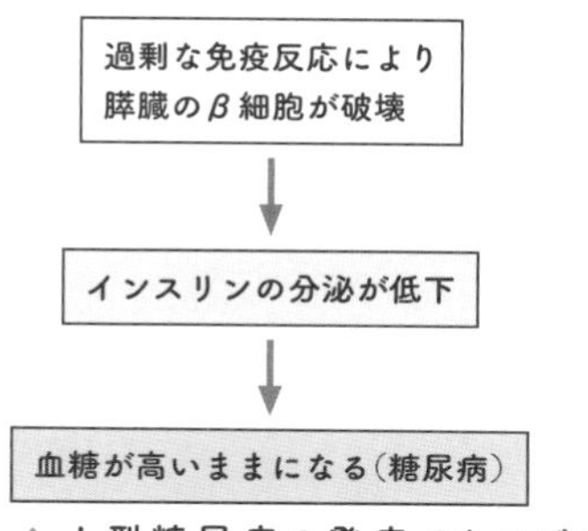

▲ I型糖尿病の発症メカニズム

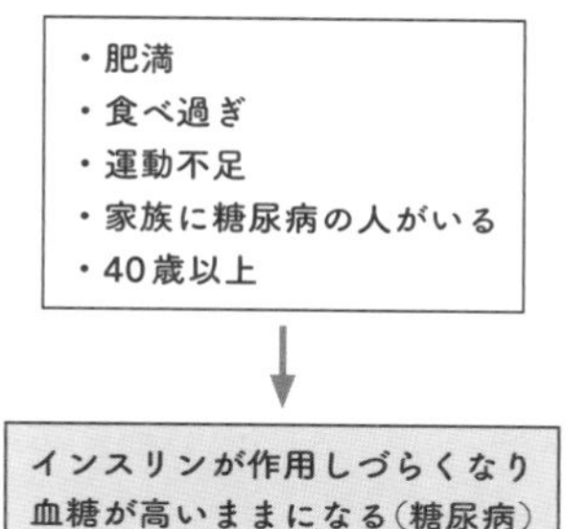

▲ II型糖尿病になる人の特徴

ことによって高血糖になります。

糖尿病にはI型糖尿病とII型糖尿病があります。I型糖尿病はβ細胞が異物と誤認されて免疫機構に破壊されてしまうために、インスリンを作れなくなる自己免疫疾患の一つです。I型糖尿病は糖尿病全体の数％で、小児期に発症し、治療としてインスリンを毎日注射で補充します。

II型糖尿病は、もともとインスリンの分泌が十分でない遺伝素因をもった人が、生活習慣の乱れ（**炭水化物**の摂り過ぎ、運動不足、肥満）によってインスリンの作用が効きにくくなる状態を併発することで起こります。つまり、II型糖尿病は**遺伝素因**と**環境要因**の双方が発症に関与する病気です。

ごはん、パン、麺類などの炭水化物を食べると、たちどころに血糖が上昇し、それを下げるために大量のインスリンが必要です。元々インスリンの分泌が不十分な体質の方はそれができないので、インスリン不足に陥り、II型糖尿病になるのです。

遺伝素因はどうすることもできませんが、環境要因は本人の節制によって取り除けます。「原因は甘いものの食べ過ぎ？」という本項のクエスチョンには、II型糖尿病において「YES」といえるでしょう。欧米人に比べて、日本人はインスリンの分泌機能があまり高くないので、より一層、炭水化物の摂り過ぎに注意すべきです。

54 病気に遺伝は関係するの？

遺伝は「親の特徴が子へ受け継がれる生命現象」と述べました（41 参照）。ある病気になるかならないかという特徴も、親から子に伝わることがあります。このしくみを二つの病気を例に見てみましょう。

網膜芽細胞腫（もうまくがさいぼうしゅ）は子どもの眼の網膜にできる稀ながんで、**RB1**という遺伝子の異常で起こることがわかっています。RB1遺伝子の異常が遺伝によるものでなく、網膜の細胞で初めて起こった場合は、網膜芽細胞腫は片眼にだけ起こります。治療すれば完治し、その患者の子どもに遺伝することはありません。

一方、父親の精子または母親の卵子にもともとRB1遺伝子の異常があった場合、その異常は子どもの全細胞に伝わります。

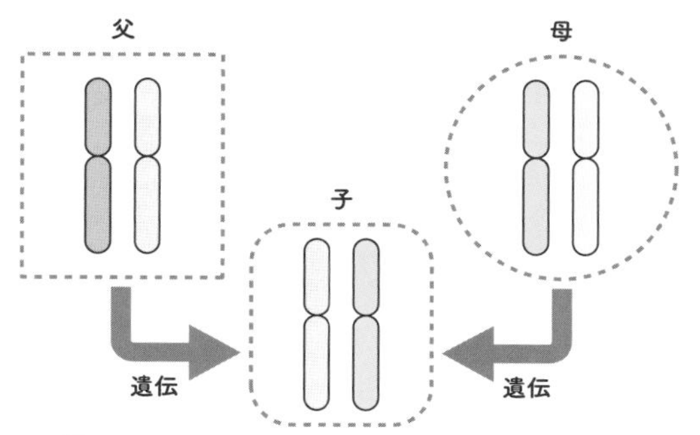

▲ 親から子への遺伝

染色体上にある遺伝子は同じものがペアで存在します。少なくとも片方のRB1遺伝子が正常であれば、その時点では網膜芽細胞腫はできません。しかし、生後に正常なRB1遺伝子にも異常が生じると、網膜芽細胞腫を発症します。この場合は両眼にできることもあり、眼球以外の臓器にまで悪性腫瘍(あくせいしゅよう)(骨肉腫(こつにくしゅ)、メラノーマ、脳腫瘍(のうしゅよう)など)を引き起こすこともあります。生殖細胞にも遺伝子の異常が伝わっているので、子孫にRB1遺伝子異常が受け継がれます。

もう一つの例は「**糖尿病**」です。糖尿病にはⅠ型とⅡ型があります(53 参照)。**Ⅰ型糖尿病**ではインスリンを作ることがまったくできません。**Ⅱ型糖尿病**は、インスリンを分泌する能力が十分でない「**遺伝素因**」をもった人が、さらに生活習慣の乱れ(過食、運動不足)によって、体がインスリンの作用に反応しなくなっています。インスリンの分泌が低下する原因は多くの遺伝子の異常によるもので、これは遺伝します。両親がⅡ型糖尿病である場合、その子どもは3〜4倍の高確率でⅡ型糖尿病になりやすいことがわかっています。

網膜芽細胞腫のような単一遺伝子疾患は数多く知られていますが、稀な病気が多いです。一方、**多因子遺伝子異常**による疾患はありふれた病気が多く、特に**生活習慣病**(がん、高血圧、糖尿病、肥満、動脈硬化など)は多因子遺伝子異常によるものが多いです。

55 白内障と緑内障の違いは？

白内障、緑内障、黄斑変性症（おうはんへんせいしょう）など、眼の病気には「色」が入っているものが多いですね。**白内障**は、**水晶体**が濁るために、物がぼやけて見える状態です。正常の水晶体は無色透明ですが、加齢に伴って、水晶体を構成するタンパク質である**クリスタリン**が徐々に**変性**します。変性が生じている部分で光が散乱するので、視界全体に霧がかかったような見え方になります。進行すると、白濁した水晶体が黒目の部分に見えます。

白内障は人によって症状が出はじめる年齢は異なりますが、80歳以上のほぼ100％が白内障の症状を有しています。いったん水晶体の変性がはじまると、それを元に戻すことはできません。白内障の進行を遅らせる薬もあることはありますが、その効果は限定的なようです。唯一の治療法は、白濁した水晶体を摘出し、人工レンズに置き換える手術です。この手術は、局所麻酔下で、15分程度で完了します。

白内障の発症年齢には個人差があり、白内障を予防できる可能性があります。原因がクリスタリンというタンパク質の変性なので、タンパク質を変性させる一般的要因（紫外線照射、酸化作用の強い糖質の過剰摂取、喫煙）を避けることは意味があります。日差しの強い日はサングラスを使用すること、抗酸化作用のある野菜を積極的に摂ることは白内障の予防につながるでしょう。

緑内障は、白内障とはまったく異なる病気です。緑内障では眼球の奥にある**視神経**が障害されることによって、視野（見える範囲）が狭くなってきます。緑内障の原因はさまざまですが、多いのは眼圧（眼球内部の圧力）が高いことです。

眼圧を決めているのは、眼球内を流れている**眼房水**（がんぼうすい）という液体です。眼房水は毛様体（もうようたい）で血液がろ過されて作られ、瞳孔（どうこう）を通ってシュレム管という管から排出され静脈に吸収されます。眼房水の流れが滞ると眼圧が上がります。

不思議なことに、眼圧が正常でも緑内障を発症することがあり、20代、30代の若い人でも緑内障になることがあります。視神経の障害がいったん起こると元に戻すことは不可能で、放置すると失明します。緑内障は日本人の失明原因の第1位です。有効な予防方法もわかっておらず、早期発見のために定期的に眼科で調べてもらうしかないのが現状です。

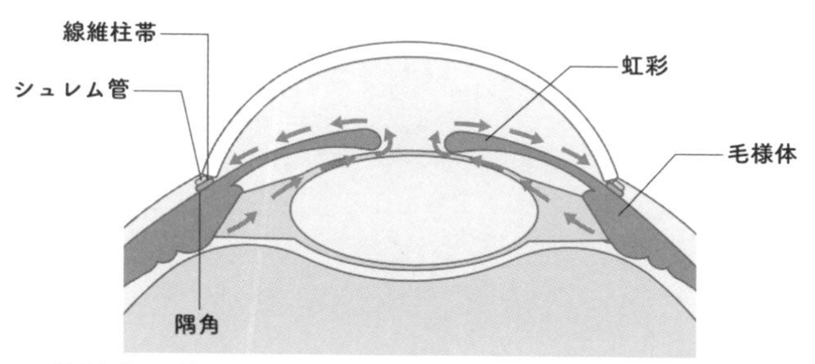

▲ 眼房水の流れ

ギックリ腰ってどこを痛めているの？

ギックリ腰とは、急に起こった強い腰の痛みを表す俗称で、医学的には**急性腰痛**といいます。重いものを持ち上げようとしたときや腰をねじったときなどに起こることが多いです。

急性腰痛がなぜ起こるかは、実はあまりよくわかっていません。考えられる原因として、以下の三つがあります。

1	椎骨（個々の背骨）と椎骨の間の関節（椎間関節）あるいは仙骨と腸骨の間の関節（仙腸関節）のズレ
2	椎骨と椎骨の間に挟まっている椎間板の損傷
3	脊柱を支える脊柱起立筋または腰の筋全体を被う筋膜の損傷（筋筋膜性腰痛）

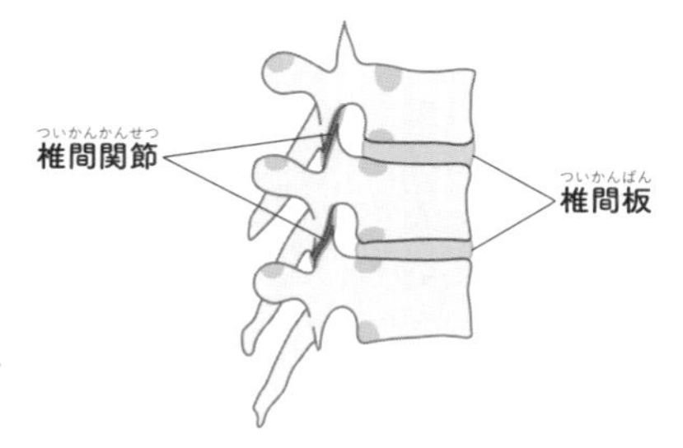

椎間関節と椎間板▶

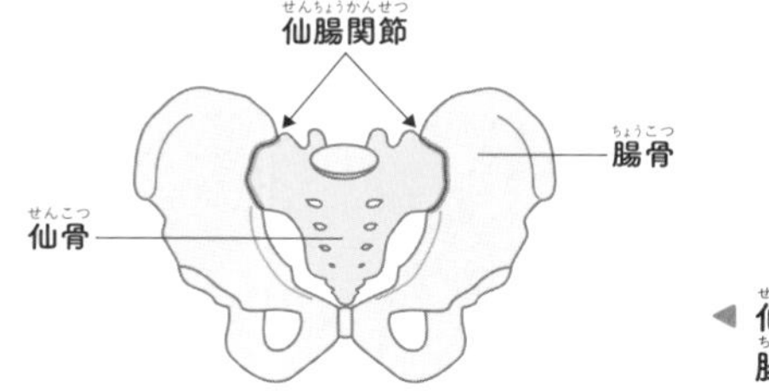

◀仙骨と腸骨

この三つのいずれであっても、画像検査(X線、CT、MRI)では何も異常が見つかりません。なのに痛みはひどくて、発症して1、2時間はからだを動かすことができないほどです。そのため、欧米では「魔女の一撃」と呼ばれています。

もし、腰痛以外に足がしびれるとか、足の指を動かせない、といった症状があれば、それは後方に飛び出した椎間板の髄核が脊髄神経を圧迫しています(**椎間板ヘルニア**)。これはMRIで診断できます。

さらに、椎骨の骨折や細菌感染、椎骨が前後に割れてしまう脊椎分離症、脊髄が走っている脊柱管が狭くなる脊柱管狭窄症など、重大な原因で腰痛が起こっていることもあります。これらも画像検査で診断できます。

急性腰痛は安静にしていれば、1〜2週間で痛みが軽くなってきます。原因がはっきりしないので、治療も痛みを軽減させるための対症療法に限られます。鎮痛薬の服用と湿布、さらに、コルセットで腰を固定すると、痛みは徐々にやわらぎ、動けるように

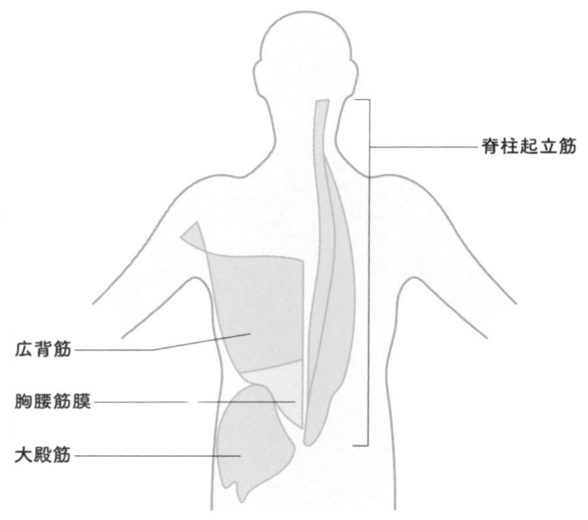

▲ 背や腰を被う筋肉

なるでしょう。

急性腰痛を繰り返す人もいます。仕事上、長時間同じ姿勢を続けている人（運転手、パソコンワーカー）が、急に立ち上がろうとするときは要注意です。睡眠不足、疲労蓄積、運動不足もギックリ腰発症のリスクを高めます。

腰痛は日本人が訴える体調不良の第1位ですが、原因がわからない腰痛が多いです。あん摩、マッサージ、整体、鍼灸なども含めて、自分の腰痛を緩和する方法を見つけてください。

Chapter

5 気になる！医療のあれこれ

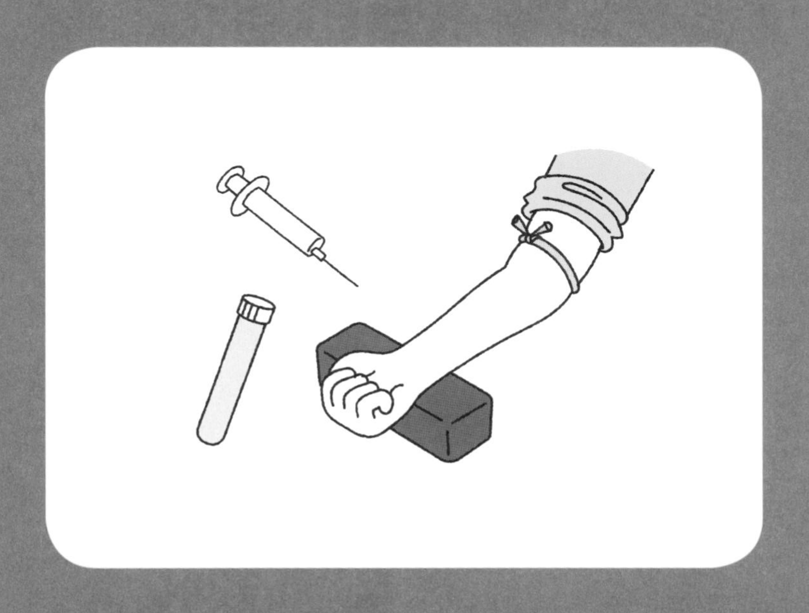

57 なぜ麻酔をかけると痛くない？

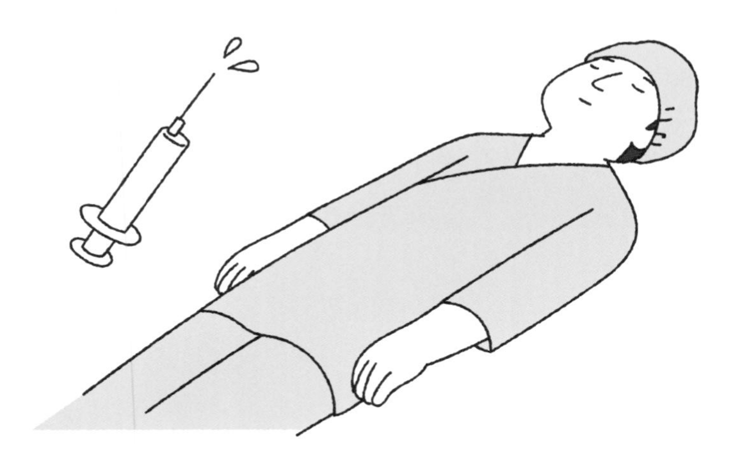

麻酔は、薬物などを用いて人為的に意識や痛みなどの感覚をなくすことです。手術を無痛で安全に行うために、その手術に適した麻酔方法が用いられます。

麻酔は**全身麻酔**と**局所麻酔**に大別されます。全身麻酔は、脳に作用して、意識や痛みを感じなくさせます。全身麻酔で使用される麻酔薬には**吸入麻酔薬**と**静脈麻酔薬**があります。

吸入麻酔薬は肺から血液に溶け、血流に乗って脳に運ばれて、脳組織に移行します。主な吸入麻酔薬として、セボフルラン、イソフルラン、亜酸化窒素があります。吸入麻酔薬が使われはじめてからすでに150年以上たっているのですが、いまだにその脳への作用のしくみはわかっていません。

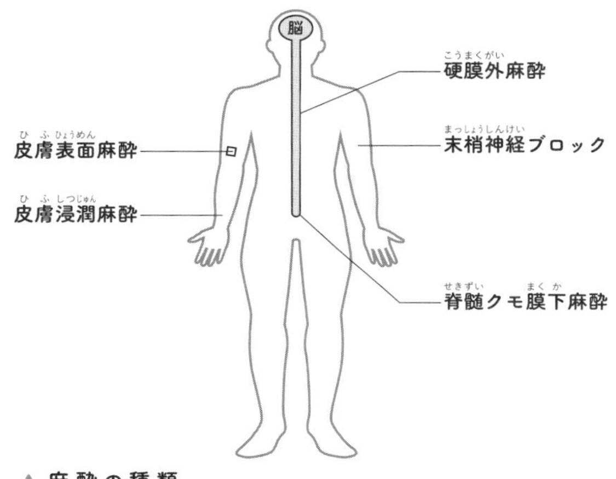

▲麻酔の種類

　静脈麻酔薬は、血流に乗って脳に到達し、麻酔作用を発揮します。静脈麻酔薬のプロポフォールとバルビツール酸類は、脳のはたらきを強く抑制します。一方、脳を活発にする受容体のはたらきを弱める作用があるケタミンという薬もあります。

　局所麻酔は神経線維に作用し、痛みの刺激を伝わらなくする方法です。麻酔薬を投与する場所によって、硬膜外麻酔、脊髄クモ膜下麻酔、皮膚浸潤麻酔、皮膚表面麻酔、末梢神経ブロックなどがあります。意識を失うことはなく、薬の効いていない場所の感覚は残ります。

　手術では、執刀する外科医以外に、麻酔を管理する医師がついています。麻酔医の最も重要な仕事は、手術中、患者が痛みを感じないようにすることです。さらに、手術に支障がでないよう、**筋弛緩剤**を用いて筋肉をやわらかくしています。すると、呼吸を起こす筋の収縮が起こらなくなるので、**人工呼吸**で呼吸を維持する必要が生じます。手術中の血圧や心拍数のモニターも麻酔医の大事な仕事です。

58 人工心肺はどんなときに使われる？

人工心肺（装置）とは、**心臓の拍動を止めて行う心臓の手術の際、心臓と肺のはたらきを代行する医療機器**のことです。

虚血性心疾患（狭心症、心筋梗塞）、心臓弁膜症、心臓に出入りする太い血管の手術、あるいは先天性心疾患などの手術では、心臓を止める必要があり、それは同時に肺への血液循環も止めることになります。血液循環を代行するため、人工心肺には全身に血液を送るポンプ（**人工心臓**）と、肺でのガス交換機能を行う**人工肺**、体温調節のための**熱交換器**が必要となります。

上大静脈と下大静脈から抜かれた患者の血液は、人工心肺装置に入り、二酸化炭素の排出と酸素の導入が行われたあと、上行大動脈から戻されます。

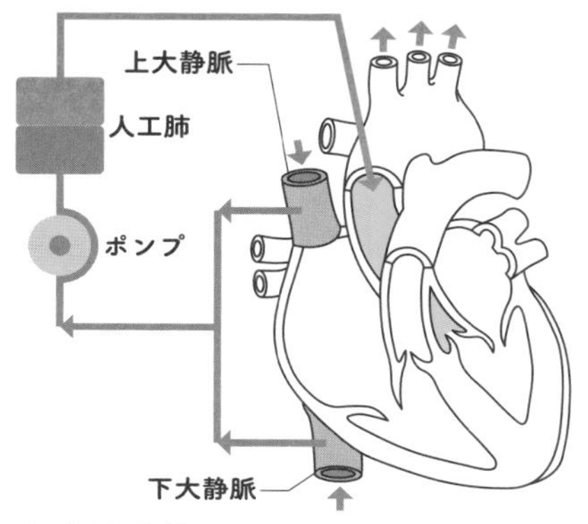

▲ 人工心肺

人工心肺装置を使用している間、患者の体温は下がり、拍動していない血流が流れることで循環血液量が常に一定になるなど、生理的でない状態になります。

最大の問題は**血栓**ができやすいことです。大量の抗凝固剤を使用しますが、それでも血栓ができやすく、脳梗塞などのリスクが高まります。したがって、人工心肺装置の使用は、できるだけ短時間に限ることが重要です。

人工心肺装置と似た医療機器に「**V-A型体外式膜型人工肺**（**V-A ECMO**）」があります。**コロナ感染**が悪化し**重症肺炎**に陥った患者の治療に必要な医療機器として注目を集めました。人工心肺とV-A ECMOは何が違うのでしょうか？

人工心肺装置の使用は、心臓を止めて行う心臓大血管の手術中に限られ、心臓と肺のすべての（100%）機能を代行します。一方、V-A ECMOは肺のはたらきを代行しますが、開胸せずに体表からカニューレと呼ばれる管を血管に刺入して、患者の血液を体外に誘導するため、迅速な導入が可能です。つまり、弱った肺を一時的に休ませるのが、V-A ECMOの目的というわけです。

59 レントゲンで体内を撮影するしくみ

1895年、ドイツの物理学者**ヴィルヘルム・レントゲン**博士は、物体や人体の内部を透視することができる不思議な光を発見しました。レントゲン博士はその光に、数学で未知数として使用するXを用いて**X線**という名前を付けました。私たちがよく使う「レントゲン」は、X線を発見した人の名前なのです。

X線は、波長が紫外線より短い1pm（ピコメートル）(10^{-12}m)〜10nm（ナノメートル）(10^{-9}m)程度の電磁波ですが、**放射線**の一種でもあります。X線は金属や骨など密度が高い物質は通りませんが、木や皮膚など密度が低い物質は通ります。この性質を利用し、人体、生き物、物体の内部を透視して、それを増感紙などに写真として写しだすことができます。これが「レントゲン写真」です。

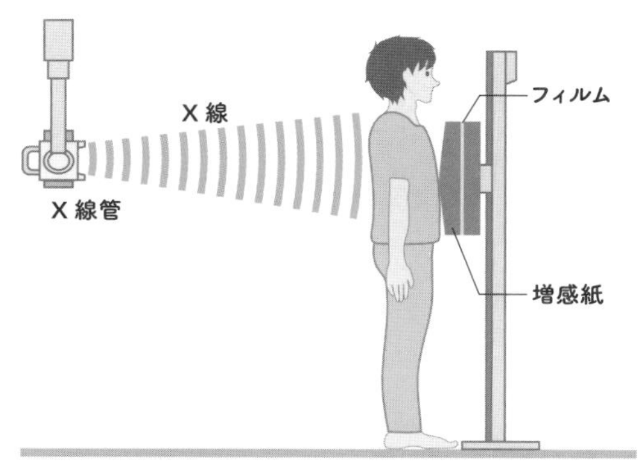

▲ 単純X線撮影

一方向からX線を当てて撮影する単純X線撮影では、被検体の厚みが考慮されず、手前と奥にあるものは重なって写ってしまい、区別が困難です。肋骨や鎖骨と重なって肺がんの病巣がほんのり白く写っても、見逃してしまうおそれがあります。

一方、**CT**(Computed Tomography)では、被検体の全周からX線を照射して、体の断面のような像を作ることができます。CTでは像の重なりは生じず、より正確に人体内部の病変を捉えられます。しかし、時間と費用の面から、健康診断では迅速かつ安価に撮影できる単純X線撮影が重宝されています。

X線は人体に照射すると有害でしょうか？　それは照射する量によります。**1回のX線撮影で被爆するX線の量は0.1mSv**(ミリシーベルト)です。私たちは普通に生活しているだけで年間約2.4mSvの放射線を浴びており、人体に悪影響が出るには、200mSv以上を一度に浴びるくらいの量が必要です。年に1、2回のX線検査を受けても問題ありません。もちろん、X線の照射は最低限必要な部位に限定すべきで、X線に影響を受けやすい精巣や卵巣には照射されないようにすること、妊娠している女性の腹部には照射しないことは当然です。

からだの断面図を見ることができるMRI検査

MRIはMagnetic Resonance Imaging(磁気共鳴画像)の略です。MRI検査では、強い**磁場**と**ラジオ波**(周波数が高い電磁波)の作用によって、人体中に多量に存在する**水分(水素原子)の情報を読み取って**、画像を作ります。

MRIとCTはいずれも大きな検査機器の中に患者のからだを入れて撮影しますが、いろいろ特徴と違いがあります。

X線検査とCT検査では少量ですが放射線に被爆する一方、**MRIでは放射線を使用しないので被爆はゼロ**です。

CTでは、X線の透過性が高い空気や、逆に透過性が乏しい骨によって、中程度の透過性がある内臓や筋肉の画像が見づらいことがあります。一方、MRIでは空気や骨の影響を受けず、頭蓋骨(ずがいこつ)に囲まれた脳、眼球、内耳や、脊柱の中にある脊髄や靭帯、骨盤

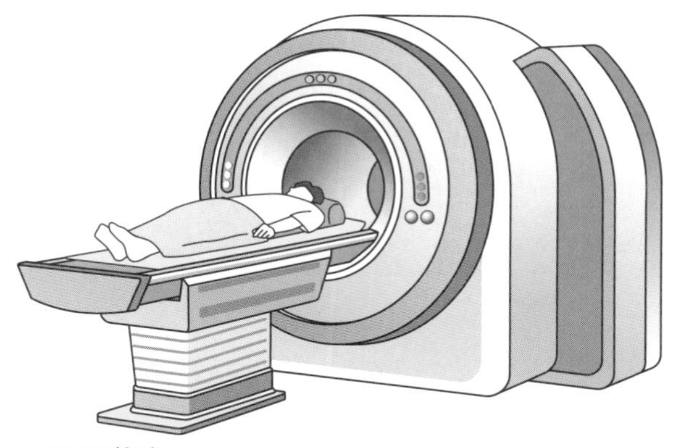

▲ MRI検査

腔内の臓器などの鮮明な画像が撮れます。また、太い血管の走行なども、はっきりわかります。

MRI検査の欠点は、被検者が狭いトンネルに20分〜1時間閉じ込められ、「ガンガン」「キーン」という騒音に耐えなければならないことです。**閉所恐怖症**の人には耐えられないでしょう。

MRIでは、人体の70%を占める水分から膨大な情報を読み取り、撮影条件・撮影方向の異なる情報をいくつも重ね合わせて画像を作ります。精度の高い画像が得られるのですが、その分、時間がかかります。また、MRI撮影では強い磁場とラジオ波を利用します。磁場を得るための装置にはコイルが巻いてあり、そこに電流を流すと磁場と同時に**磁力**が発生します。この磁力がコイルを振動させるために、大きな音が発生するのです。

体内に**金属を含む医療器具**（心臓ペースメーカー、心臓人工弁、脳動脈瘤金属クリップ、ステントなど）を埋めている方や、金属を含む顔料を使用した**刺青・アートメイク**をされている方は、**MRI検査を受けられない場合があります**。また、検査時は時計やネックレスなど金属を含むものはすべて外す必要があります。金属が磁場に反応して、画像を乱すおそれがあることと、金属が熱を帯びてやけどをするおそれがあるためです。

61 視力を矯正するレーシック手術とICL（眼内コンタクトレンズ）

レーシック手術とは、**近視**を矯正する手術の一つです。眼球の表面を被っている**角膜**(かくまく)**を削って**薄くして屈折率を下げることで、眼に入る光のピントが網膜(もうまく)上に合うようにします。

手術の手順を説明します。点眼麻酔をしたあと、レーザーまたは眼球用のカンナで角膜の表面を被う上皮層をスライスして**フラップ**と呼ばれる「蓋」を作り、めくり上げます。その下に露出した部分にレーザーを当てて角膜の一部を削り取ります。その後、フラップを戻すと、削った部分に自然にくっつきます。この手術によって角膜中央部が薄くなるので、角膜の曲率が下がり（屈折率が低下し）、近視が矯正されます。

レーシック手術を受けた人の90％以上が、裸眼視力1.0以上に

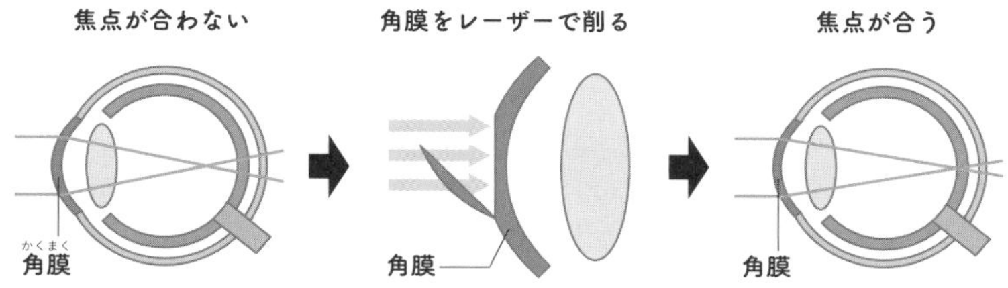

▲ レーシック手術による近視の矯正

なっています。一方、角膜を削るので、元々角膜が薄い人や、強度近視のために削る幅が大きくなりすぎる場合は行うべきではありません。このような方は、もう一つの近視矯正手術である**ICL**（Implantable Collamer Lens－**眼内コンタクトレンズ**）を選択すべきです。ICLは、コンタクトレンズを虹彩と水晶体の間に挿入する手術です。

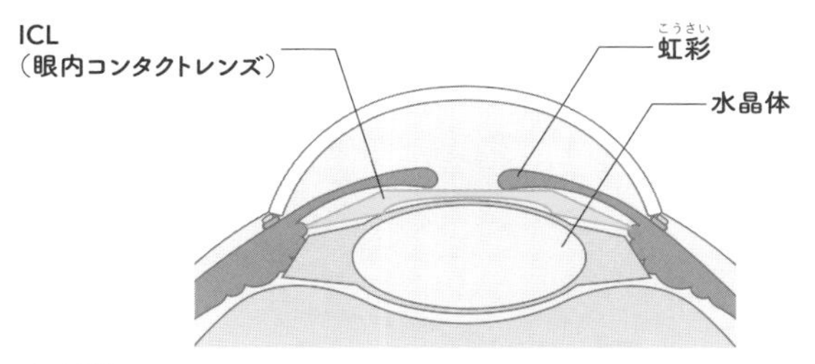

▲ ICL

レーシックやICLを受けた場合でも、40歳以降には老眼や白内障は起こります。30代だと、手術を受けて眼鏡・コンタクトレンズから解放されても、10年後には老眼鏡が必要になり、手術費用（レーシックは20〜40万円、ICLは45〜65万円、）を支払うメリットがあるかという問題もあります。

レーシックでは、**ドライアイ**や**ハロー・グレア現象**が起こることがあります。ハロー・グレア現象とは、暗いなかで見ると光がにじんだり、光の周りに輪がかかったように見えたりする現象です。稀ですが、レーシックをしても近視に戻ってしまうこともあります。ICLでは挿入した眼内レンズが回転し、正しく矯正されないことがあります。

62 血液検査でがんがわかる？

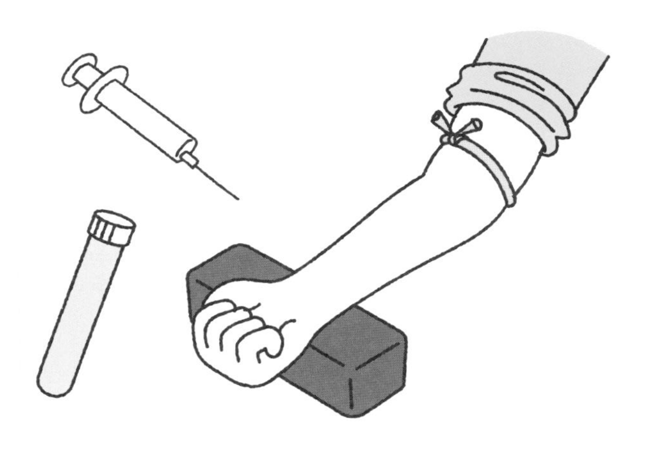

みなさんは**腫瘍**（しゅよう）**マーカー**という言葉を聞いたことがありますか？　腫瘍マーカーとは、**がん細胞**が作る特有の物質（タンパク質、糖など）のことで、がん細胞が死ぬことによって細胞の外に漏れ出ます。これは血液中にも入るので、血液検査で検出することが可能です。有名なものに、消化器がんがわかる**CEA**、肝臓がんがわかる**AFP**、すい臓がんがわかる**CA19-9**、卵巣がんがわかる**CA125**、前立腺がんがわかる**PSA**などがあります。

腫瘍マーカーはがんがある程度大きくならないと血中で検出されず、その臓器のがん以外の良性の病気でも陽性になることがあります（偽陽性）。また、がんができていても陰性になることもあります（偽陰性）。つまり、がんの診断で最も重要な**早期発見・早**

期診断には、残念ながらあまり役に立ちません。腫瘍マーカーはそのがんが「大きくなっている」「摘出後に再発している」「治療により小さくなっている」などの評価には有用です。

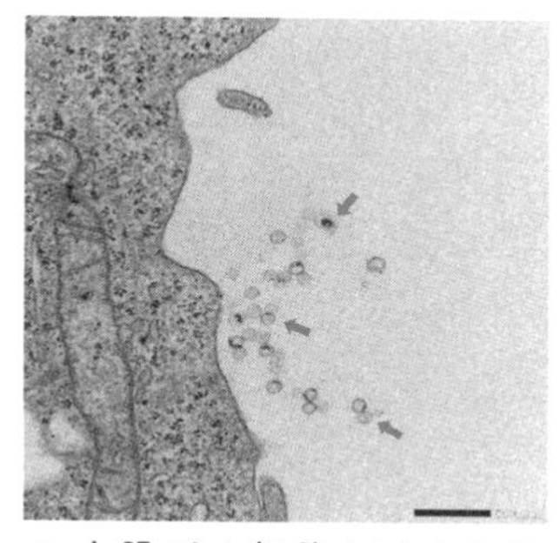

▲ 大腸がん細胞（左）から放出されたエキソソーム（矢印）を撮影した電子顕微鏡写真。スケールバーは0.5μm（撮影：岐阜大学医学部・小川名美講師）

最近注目されているのは**マイクロRNA**です。RNAは細胞の遺伝情報の一部をコピーしたものですが、その断片であるマイクロRNAが全身の細胞から放出されて血液中に入ります。マイクロRNAは**エキソソーム**というカプセルに入った状態で、細胞から放出されます。

がんがまだ小さい段階から、がん細胞は特有のパターンのマイクロRNAを含んだエキソソームを放出し、それらを血中で検出できることがわかってきました。従来の腫瘍マーカーでは検出できなかった**早期がん**でも、マイクロRNAの血中変化をいち早く検出して、早期診断ができる可能性があるのです。現在、国立がん研究センターをはじめ国内の研究所、大学、企業の共同チームによって、血液中のマイクロRNAによる多種の早期がんの診断の実用化をめざした研究が進められています。

もう一つ、既に商品化されているがんの早期診断法があります。被検者の尿に含まれる、がんに由来する微量の物質の「匂い」を、寄生虫の一種である**線虫**に検出させるというものです。線虫は犬と同じくらい嗅覚が鋭いという特性を利用した検査です。この商品の説明では、15種類の早期がんの有無を判定できるとしています。しかし、がんの種類の判別はできないので、もし異常があれば、別の検査で確かめる必要があります。

63 血圧を正確に測るためには

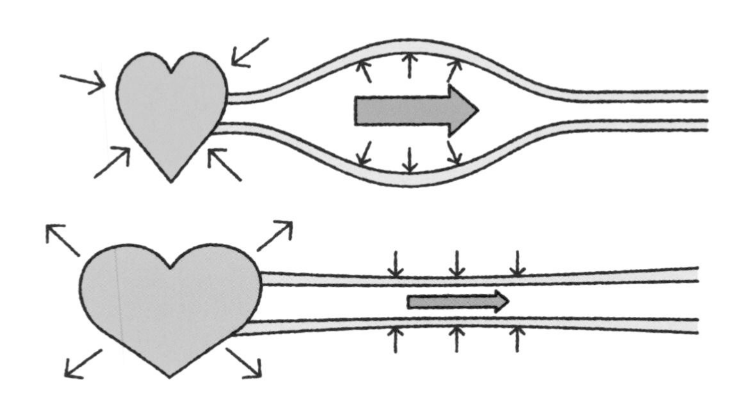

血圧とは、血管内を流れる血液が血管の壁を押す力のことです。一般的には**動脈**を流れる血液の圧力のことを指し、心臓が収縮して血液を押し出すときの血圧を「**収縮期血圧**（**最高血圧**）」、反対に心臓が拡張して血液がゆっくりと流れているときの血圧を「**拡張期血圧**（**最低血圧**）」と呼んでいます。

血液を安定して全身に送るには、一定以上の血圧が必要です。健康な人の血圧は最高血圧が120mmHg以下、最低血圧が80mmHg以下です。日本高血圧学会によると、世界でも日本でも140/90mmHg以上を高血圧としています。これ以上になると、心筋梗塞、腎臓病、脳卒中などの発症率が有意に高くなります。

血圧が気になる方には、毎日の血圧測定をお勧めします。病院

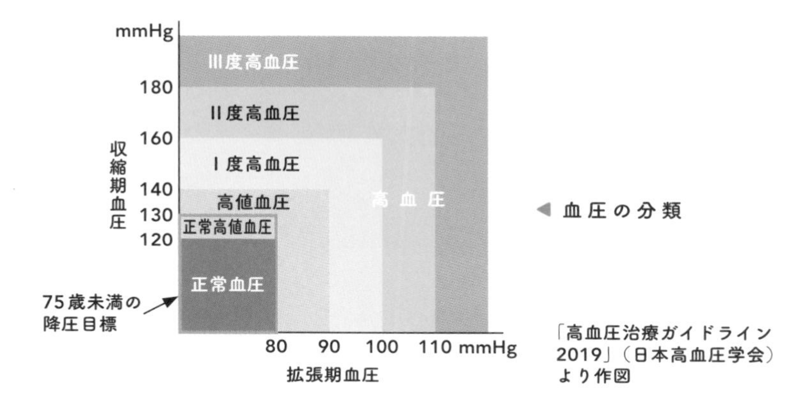

◀ 血圧の分類

「高血圧治療ガイドライン2019」(日本高血圧学会)より作図

を受診したときに測定する血圧を**診療室血圧**と呼び、医師の前では緊張して血圧が高めになります。自宅で測定する血圧を**家庭血圧**と呼び、こちらの方が真の血圧を表しています。

血圧は時間帯によって変化するので、毎日決まった時間に測定しましょう。朝起きて、トイレに行ったあと、**椅子に座って1分間安静にして**(これが重要!)血圧を測ります。食事や薬の内服を行う前に血圧を測って下さい。夜は寝る前に、座った状態で1分間安静にして血圧を測ります。

血圧計にはさまざまなタイプがありますが、上腕にマンシェットを巻き付けるタイプが望ましいです。正しく血圧を測るためには、椅子に座って両足を床につけ、**心臓と同じ高さに血圧計を置いて計測**しましょう。測定時に前かがみになったり力んだりすると、結果が変わってしまいますので要注意。歩いたり飲食をしたり慌てていたりすると、血圧は上がります。

血圧は右腕で測定した方が多少高くでます。これは大動脈から腕に向かう鎖骨下動脈が、右の方が先に大動脈から分岐するためです。したがって、血圧の測定は常に右腕で測定するようにしましょう。しかし、左右の腕での測定値の差が10mmHg以上ある場合は、血管の異常が原因であることがあるので、要注意です。

64 便に血が混じったら異常？

排便後に「トイレットペーパーでお尻を拭いたら血がついていた」、「水洗トイレの水が真っ赤になっていた」など、便に血が混じっていることがはっきりわかることがあります。血液が混じった状態で排泄される便のことを**血便**と呼びます。

血が混じる原因は、消化管内のどこかで出血が生じ、それが便と一緒に排出されるからですが、消化管の出血する部位によって血液の現れ方は異なります。胃や十二指腸などの上部消化管からの出血では、血液中のヘモグロビンが消化酵素の作用によって黒く変色し、**タール便**と呼ばれる黒い便が出ます。この場合、血便ではなく**下血**(げけつ)といいます。一方、大腸末端部や直腸からの出血では、排出されるまでの時間が短いため、真っ赤な血便が出ます。

血便の原因はさまざまで、**痔**や大腸の病気（**大腸がん**、**大腸ポリー**

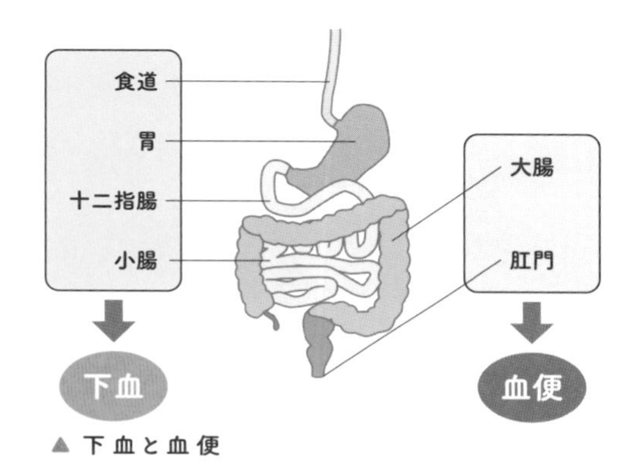

▲ 下血と血便

プ、**潰瘍性大腸炎**、**クローン病**、**虚血性大腸炎**、**大腸憩室出血**など)、血液の病気(播種性血管内凝固症候群、白血病、血小板減少性紫斑病など)、感染性胃腸炎などが挙げられます。目で見てわかる血便の原因となる病気には重篤な病気があるので、できるだけ早く精密検査を受けるべきです。

目で見てもわからない微量の血便(**潜血便**)もあります。大腸がんのように早期発見がきわめて重要な病気もあるので、潜血便の有無を検査する**便潜血検査**が、健康診断で行われています。便潜血検査には、**化学的方法**と**免疫学的方法**の2種類があります。化学的方法によるヘモグロビンの検出には制約が多く、便を長時間放置すると感度が低下し、ビタミンCの服用やトイレ洗浄剤に触れることなどで偽陰性になることがあります。何よりも問題なのは、**ヒト以外の動物の血液にも反応してしまう**ことです。つまり、食べた肉や魚に含まれていたヘモグロビンが反応し偽陽性になることがあるのです。

免疫学的方法では、ヒトのヘモグロビンを特異的に検出するので、偽陽性や偽陰性が格段に少なくなります。また、便潜血検査は異なる日に便を採取して2回検査を行う**2日法**が一般的になっています。便に血液が混じっているという結果が出たら、決して放置せず早期に必ず精密検査(**大腸カメラ**)を受けてください。

65 一緒に飲むとよくない薬の飲み合わせとは？

薬の「飲み合わせ」とは、2種類以上の薬を同時に飲むことです。単独なら問題がなくても、組み合わせによっては**からだに悪い影響が出たり、薬の効果がなくなったりする**ことが起こります。

たとえば、病院で処方してもらったかぜ薬を飲みつつ、頭が痛いので市販の鎮痛薬をさらに飲んだとしましょう。かぜ薬には既に鎮痛作用をもつ成分が配合されています。そこに市販の鎮痛薬が加わるので、鎮痛作用が強くなりすぎ、体調がおかしくなったり、内臓を痛めやすくなったりするおそれがあります。

ニューキノロン系の抗菌薬を服用しているときに、制酸剤を含む胃腸薬を飲むと、抗菌薬の効き目が弱まります。一方の薬が他方の薬の効果を弱める、悪い飲み合わせの例です。

薬の飲み合わせの問題は、医師が処方した薬を飲んでいる患者が、医師に相談しないで、自己判断で別の薬を服用する場合によく起こります。また、専門が異なる複数の病院に同時にかかり他方の医師が出している薬の内容を知らずに、同じ作用をもつ薬を別の医師が出してしまうケースもあります。患者が別の病院で処方された薬を説明するのは難しい場合があるので、患者が**おくすり手帳**にこまめにシールを貼ってそれを見せれば、医師や薬剤師は好ましくない飲み合わせを避けられます。

薬と飲食物の悪い組み合わせもあります。昔から有名なのは、貧血の治療で服用する**鉄剤をお茶で飲む**ことです。お茶に含まれるカテキンが鉄と結合し、鉄の吸収を邪魔します。薬は水かぬるま湯で飲むのが基本です。

降圧剤(カルシウム拮抗剤)とグレープフルーツなどの柑橘類のジュースの組み合わせもNGです。グレープフルーツに含まれるフラノクマリンという成分が、肝臓で薬を分解する酵素のはたらきを弱めるので、降圧剤の効果が出過ぎてしまいます。

抗凝固薬(ワルファリンカリウム)と納豆、青汁などのビタミンKを多く含む食品の組み合わせも不可です。ビタミンKは、抗凝固薬の作用を打ち消してしまいます。

また、アルコールは脳に作用する多くの薬(睡眠薬、抗不安薬、抗てんかん薬など)の作用を強めます。**お酒を飲みながらの服用はやめるべき**です。

飲み合わせが問題になるような薬を処方する場合、医師あるいは薬剤師が説明をするので、それをよく聞いて従いましょう。それと、市販の常用薬がある場合は、診察・投薬の際に話してください。そして、おくすり手帳を活用しましょう！

▼ おさえておきたい薬のNGな組み合わせ

組み合わせ例			影響
薬		薬や食品など	
ニューキノロン系抗菌薬	+	胃腸薬 牛乳 ヨーグルト	抗菌薬の効果が弱まる
鉄材	+	緑茶	鉄が吸収されにくくなる
降圧剤	+	グレープフルーツジュース	降圧剤の作用が過剰になる
抗凝固剤	+	納豆 青汁	抗凝固剤の効果が弱まる
睡眠薬 抗不安薬 抗てんかん薬	+	アルコール	薬の作用が過剰になる
胃薬	+	炭酸飲料	胃薬の効果が弱まる
鼻炎薬	+	胃腸薬	口の渇き、便秘
総合かぜ薬	+	コーヒー コーラ	薬の効果が弱まる
抗結核薬	+	マグロ	頭痛、紅斑(こうはん)、嘔吐、掻痒(そうよう)
抗結核薬	+	チーズ	血圧上昇、動悸

Chapter

6 人体に関する迷信のウソ・ホント

66 食べてすぐ横になると「牛になる」ってホント？

食事が終わると、そのままゴロンと横になってスマホをいじっていませんか？　筆者は子どもの頃、祖母から「食べてすぐ寝そべると**牛になる**よ」といわれたことがあります。なぜ「牛になる」のかがよくわからなかったのですが、なんとなく「お行儀が悪い」ことを注意されているのだ、ということはわかりました。

牛は草をたくさん食べますが、食べ終わるとゴロンと寝そべって、口をモグモグさせています。これは**反芻**（はんすう）といって、いったん胃に入れた草を少しずつ口に戻して、もう一度よく噛んでいるのです。寝そべっている方が反芻をしやすいのだそうです。牛は線維の多い草しか食べないので、このような機能が必要ですが、ヒトの場合はこの機能は不要です。牛にとっては消化のために必要な「食べてすぐ寝そべる」行為を、人として「お行儀が悪い」例にしているわけですね。牛に失礼な気がしますが……。

さて、食べてすぐ横になることは、医学的には良いのでしょうか、悪いのでしょうか？　これには賛否両論があります。

食事をすると当然、食べたものを消化し、栄養を吸収しようと、胃腸が活発にはたらきます。**副交感神経が優位になり、からだは休息モードになります**。血液ははたらいている胃腸に集まってきて、全身の筋肉への血流が減り、筋肉を休ませる状態になります。つまり、**食後しばらくは動かない方がよい**のです。これを食休みと呼びますね。この意味では「食べてすぐ寝そべる」ことは、からだの状態に合致した行為であるといえます。

一方、**食べてすぐ横になると逆流性食道炎を引き起こす場合があります**。正常な人では食道の下端（胃の入り口のすぐ上）に**下部食道括約筋**という筋肉があり、胃に入った食物が食道に逆流することはありません。しかし、**食道裂孔ヘルニア**がある方や、**喫煙・大量飲酒**・**大食い**をする方は、食道と胃の境目にある筋肉である下部食道括約筋のはたらきが低下しています。こういう方が食べてすぐ寝そべると、食べたものを重力で胃にとどめておくことができなくなります。結果として、**胃酸を含んだ胃内容物が食道に逆流**し、胃酸によって食道の粘膜がただれる逆流性食道炎を起こします。

賛否どちらの説明も納得感がありますよね。では、どうすればよいでしょうか？　食後は動かず、しばらくイスに座ったまま食休みをしましょう。すぐにゴロンと横になるのは避けつつからだを休める……これでどちらの意見も両立です！

乾布摩擦(かんぷまさつ)はホントに健康に良い？

筆者が子どもの頃、父がタオルでからだをゴシゴシこする乾布摩擦(かんぷまさつ)をやっていました。半信半疑でマネしましたが、皮膚が赤くなりヒリヒリした記憶があります。乾布摩擦には賛否両論あります。

乾布摩擦を推奨する意見は、東洋医学を根拠としています。乾いた布で皮膚を刺激することで、**副交感神経が優位**となり、よく眠れるというものです。**血行が良くなる**ので冷え性が改善する、新陳代謝が高まりダイエット効果がある、免疫力が高まるなどの効能もあるといわれています。

ただし、堅いタオルで直接皮膚をゴシゴシするような、かつての乾布摩擦は推奨されていません。やわらかいタオルで軽くこするようにし、服の上からこすってもよいそうです。

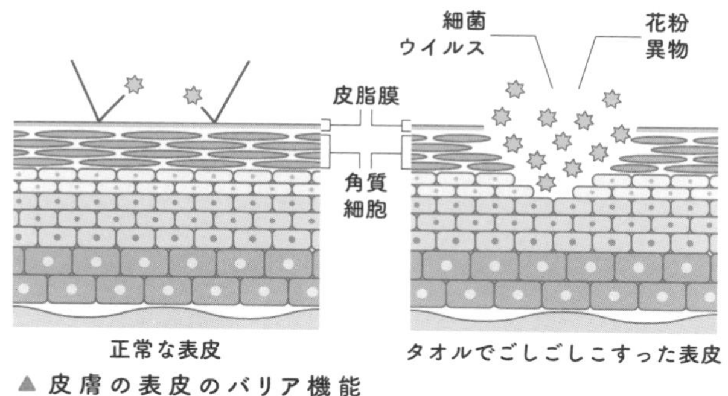

▲ 皮膚の表皮のバリア機能

一方、皮膚そのものに対する影響を重視する皮膚科医からは、乾布摩擦は評判がよくありません。理由は、タオルで何度もこすることで皮膚の表面にある**表皮のバリア機能を損ない**、皮膚を傷つけるからです。

皮膚の表面には**表皮**という層があり、扁平な細胞がすきまなく並んでいます。表皮の表面近くの数層の細胞には核がなく、細胞としては死んでいます。しかしすぐにははがれず、**多量の水分を含んで表皮の表層にとどまり続けます**。この細胞を**角質細胞**と呼びます。

角質細胞の表面には、皮脂腺から分泌された皮脂が薄い層（**皮脂膜**）を作ります。さらに、角質細胞と角質細胞の間の狭いすきまにも、**角質細胞間脂質**という脂肪があります。

皮膚の最表層にある、角質細胞、脂質膜、角質細胞間脂質は、体外と体内の間で強力なバリアとしてはたらきます。外界の細菌・ウイルス・花粉などの異物は、バリア機能がある表皮を通過できません。表皮より深いところにある体内の水分は、このバリアによって、蒸発せずに皮膚にとどまります。これを**保湿**といいます。

タオルで何度も皮膚をこすると、皮脂膜と角質細胞がはぎ取られ、皮膚を傷つけます。こうしてバリア機能を失った表皮から異物が体内に入って**湿疹**を起こしやすくなり、さらに保湿機能が失われて**皮膚が乾燥**します。特に、アトピー性皮膚炎や乾皮症の方には乾布摩擦はおすすめできません。

68 笑うと健康に良いのはホント？

「笑いは百薬の長」、「笑う門には福来る」というように、笑うことは健康や幸福をもたらすと昔から考えられてきました。なかでもアメリカの**ノーマン・カズンズ**氏の話は「笑いで病気を治した」例として世界的に有名で、『**笑いと治癒力**』という本になっています。カズンズ氏は50歳のとき、強直性脊椎炎という一種の膠原病（こうげんびょう）を発症しました。全身の関節の激痛と発熱のために動くことができなくなる難病で、根本的な治療法はありません。カズンズ氏はストレス学説で有名なハンス・セリエ博士の著書にある「ネガティブな感情は心身に悪影響を及ぼす」という考え方に惹かれ、自身に積極的な明るい感情をもたらす方法として、「大笑い」を実践しました。ビタミンCを大量に服用

しながら、毎日、喜劇やコメディ番組を見て大笑いしました。すると、10分間大笑いすることで、眠れないほどの痛みが和らいで少しずつ眠れるようになったのです。同時にからだの炎症の程度を表す血沈の値も低下しました。この「ビタミンC＋笑い」療法を数カ月続け、カズンズ氏は遂にこの難病を克服したのです。

笑うことが健康に良いことを科学的に実証した研究は、数多く報告されています。笑いを誘う言葉や画像が耳や目から脳に入ると、**エンドルフィンやセロトニンなどの快感物質が合成**され、逆に**ストレスを引き起こすコルチゾールの合成が減少**します。笑うとゆったりとした、幸せな気分になるわけですね。

笑いは**がん細胞をやっつける細胞の数を増やし、免疫力を高めるとされています**。落語や漫才を聞いてたっぷり笑ったあとに食事をすると、食後の**血糖値の上昇が抑えられます**。笑うと副交感神経が優位になって、**血圧の上昇が抑えられます**。笑いによって脳の血流が増えるので、**認知症の予防にもなります**。

笑うという動作は、声を出すことと顔の表情を変えることがセットになっています。声を出すには、横隔膜を収縮させて空気を肺に吸い込み、次に腹筋を収縮させて腹圧を高めて空気をはきだします。また、笑顔になるためには、顔の皮下にある多くの表情筋を収縮させる必要があります。つまり、笑うことは多くの筋肉のトレーニングになっているのですね。

気難しい顔をしている人よりも、いつも笑顔を絶やさない人の方に人は集まってきますよね。笑いはコミュニケーションを促進し、人生を生き生きとしたものにしてくれます。

笑うことには数多くの健康上のメリットがあるので、うつ病、がん、痛みのある患者の治療の一環に「**笑い療法**」が盛り込まれています。まさに、「笑いは百薬の長」です！

「笑うと健康に良いのはホント？」のアンサーは「YES」です。

69 ワカメを食べると髪が増えるのはホント？

ワカメが髪を増やすということを直接示した研究は見あたりません。しかし、以下に説明することから、ワカメは髪の成長(育毛)を促す食品であることは確かでしょう。

髪の主成分は、細胞内に大量の**ケラチン**を含んだ角化細胞です。毛髪を作っているタンパク質の約90％がケラチンなので、ケラチンをどんどん作るようにすると髪は増えます。ケラチンは18個のアミノ酸が結合したタンパク質ですが、体内で合成されない(つまり食物から摂取しなければならない)アミノ酸の**メチオニン**を含んでいます。一般的にタンパク質を豊富に含む、肉、魚、大豆食品を十分摂りましょう。

▼ 髪の成長に関わるもの

髪の毛を増やすもの	髪の毛を減らす要因
・タンパク質(肉、魚、大豆食品など) ・亜鉛(牡蠣、いわし、レバー、うなぎ、海藻類) ・ビタミン類(緑黄色野菜)	・インスタント食品 ・スイーツ、スナック菓子、揚げ物 ・アルコールの多飲 ・過度のダイエット・ストレス ・睡眠不足

毛母細胞でのケラチンの合成には**亜鉛**(ミネラルの一種)が必要です。亜鉛は前頭部と頭頂部が禿げる**男性型脱毛症**の原因となる酵素のはたらきを抑える効果もあります。亜鉛はさらに、味を感じる舌の味蕾(みらい)(⑤参照)の細胞、血球、精子、免疫に関係するリンパ球(㉘参照)の分裂増殖にも必須です。

亜鉛を豊富に含む食物の代表は、牡蠣、いわし、レバー、うなぎです。**ワカメなどの海藻類**にも亜鉛は含まれています。「ワカメが髪の量を増やす」という言説は、ワカメが亜鉛を相当量含んでいるという事実と、黒いワカメが髪の色を黒くするというイメージと合わさってできたものではないかと考えられます。

さらに髪を成長させるためには、毛母細胞の新陳代謝と毛母細胞に栄養を供給する頭皮の十分な血流が維持されることが重要です。このためには、各種ビタミン類(A、B6、B12、C、E)が必要なので、これらの**ビタミンを豊富に含む食品**(**緑黄色野菜やナッツ類、牡蠣、レバー**など)を十分に摂るべきでしょう。

逆に毛髪の成長の妨げになるものとして、亜鉛の吸収を妨げる食品添加物が含まれるインスタント食品、亜鉛の排出を促進するアルコールの多飲があります。さらに、糖分や脂肪の多いスイーツ、スナック菓子類、揚げ物は、血中の脂質を増やします。その結果、血流が悪くなるとともに皮脂の分泌が増えて頭皮の炎症が起きやすくなり、毛髪の成長の妨げになります。過度なダイエットをすると、タンパク質、亜鉛、ビタミンのすべてが不足するので最悪です。ストレスや睡眠不足も毛周期に異常をきたして、抜け毛が増えるおそれがあります。

思春期 男性ホルモン

毛を剃ると濃くなる？ 坊主にすると くせ毛になりやすい？

毛に関する二つの迷信について、医学的に説明しましょう。ムダ毛をカミソリで剃ることを**剃毛**といいます。剃毛して1、2日後、剃ったところを見ると、なんと、剃る前より毛が濃くなっています！　しかし実は、毛を剃っても太くも濃くもなりません。では、なぜこんなことになるのでしょうか？

自然に伸びている毛は、先端に近づくほど、物に触れて毛どうしがこすれることによって、表面の**角質細胞がはがれて細くなっていき、先端は丸く**なります。

一方、カミソリによって毛穴近くでカットされた毛は、毛先よりも太い部分の断面が見えます。同じ毛なので太さも、色も、濃さも同じなのですが、細くなっている先端近くと毛穴近くの太い

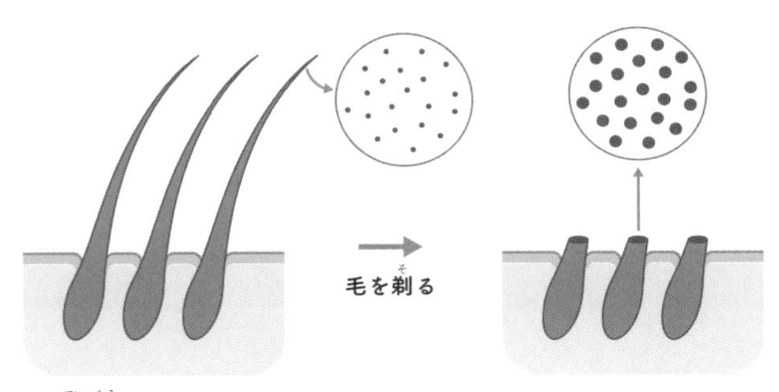

▲剃毛の影響

部分の断面を比較することになるので、濃く(太く)なったように見えるのです。

「坊主頭にするとくせ毛になる」という噂を聞いたことはありますか？　この噂の真偽について、筆者の行きつけの理容室で聞いてみました。坊主頭にしたお客さんを何百人も見てこられた理容師さんは、「そんなことはありませんよ」とはっきりと否定されました。

かつては、中学校・高校で男子がスポーツ系の部活に入ると、なかば強制的に坊主頭にされました。3年生の後半、部活を引退して髪を伸ばすと、何人かの髪の毛が縮れているではありませんか！　これで「坊主頭にするとくせ毛になる」との迷信が生まれたのでしょう。原因は、坊主にしたことではなく、**思春期**(小学生高学年～高校生：**成長期**ともいいます)に分泌が高まってくる**男性ホルモン**の影響ではないかと思われます。坊主頭にしなくても、幼少期は「直毛」だった人が、思春期をへると「くせ毛」に変化することはあるようです。

水晶体　眼軸長　遺伝的要因　環境要因

71 テレビを見すぎると目が悪くなるのはホント？

目の構造はカメラと同じです。光は、レンズのはたらきをする**水晶体**を通って目の中に入り、フィルムの役割を果たす**網膜**（もうまく）と呼ばれる目の奥の膜に、ピントを合わせます。そして、網膜に写し出された情報が**視神経**によって脳へ伝わることで、私たちは目に映るものを認識することができるのです。

目が悪い、つまり**近視**とは、近くのものを見るときは目のピントが合うものの、遠くのものを見るときはうまくピントが合わずぼやけて見える状態です。近視は、網膜より前方でピントが合ってしまうことが原因です。ピントの位置がずれる原因は、**眼軸長**（目の奥行き）**が長すぎる**こと、または**水晶体の屈折力が強すぎる**ことです。

近視の発症には、**遺伝的要因**と**環境要因**の双方が関与すると考

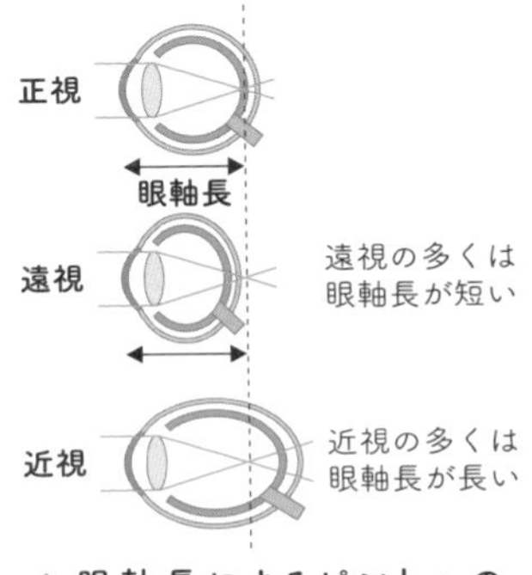

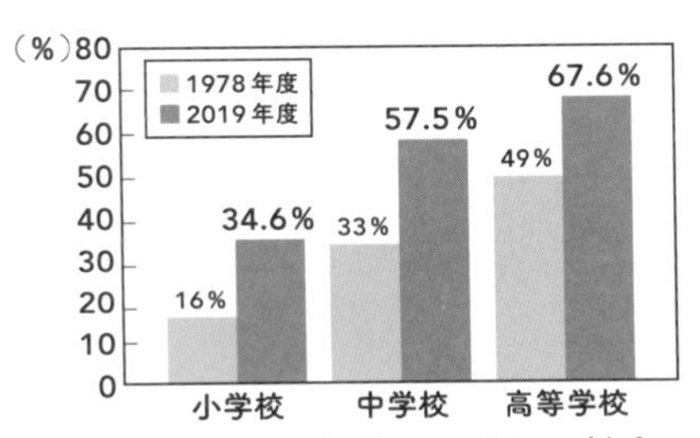

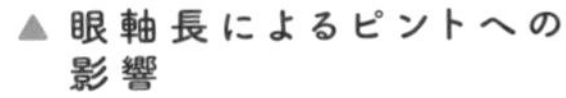

▲ 眼軸長によるピントへの影響

▲ 裸眼視力1.0未満のこどもの割合

えられています。遺伝的要因は眼軸長に深く関係し、両親が近視の場合は5倍、片親が近視の場合は2倍ほど子どもの近視の発症率が上昇することがわかっています。

環境的な要因としては、近くのものを見る時間が長いこと、室内での活動が多いことが近視の発症を増やす要因とされています。近年、パソコンやスマートフォン、ゲームなどを見る時間が著しく増えたことにともない、**低年齢での近視発症の増加**が問題となっています。

岡山大学の研究チームは、21世紀出世児縦断調査のデータを使って、幼少時のテレビ視聴とその後の小学生時の視力低下との関連を調べました。1歳半と2歳半のときに主な遊びがテレビを見ることである子どもは、小学生になって視力が悪くなることと関連があることがわかりました。また、2歳半のときにテレビを見る時間が長い場合にも、小学生時に視力が悪くなることと関連がありました。なお、3歳半、4歳半、5歳半ではテレビを見る時間が長くても、小学生時に視力が悪くなることと関連は見られませんでした。視覚が発達する3歳までは、テレビを見すぎると近視になるおそれがあるといえそうです。遺伝的要因と環境要因のいずれが近視に強く影響を及ぼしているかは、まだ検討の余地があります。

72 しゃっくりを止める方法があるのはホント？

会議中などに急にしゃっくりが出始めて、あせった経験がありませんか？　しゃっくりは、医学用語で**吃逆**（きつぎゃく）と呼びます。胸とおなかの間にある**横隔膜**（おうかくまく）**の反射的な痙攣**（けいれん）と**声帯の閉鎖**が同時に起こることで、しゃっくりは出ます。横隔膜が強い収縮を起こして空気が吸い込まれますが、その通り道となる声帯が閉じてしまうので、声帯を空気が無理矢理通過しようとして、「ヒック」という音が出るのです。横隔膜の収縮は意思とは関係なく起こるため自分で止めることができず、一定時間続きます。

しゃっくりの原因は明確ではありませんが、人によっては、**食べ過ぎ**、**飲み過ぎ**、**早食い**、**お酒や炭酸飲料を飲んだ際**によく出るという経験があるようです。原因となる口腔やのどへの刺激と食道や胃への刺激がそれぞれ脳神経を経由して、延髄（えんずい）の**しゃっ**

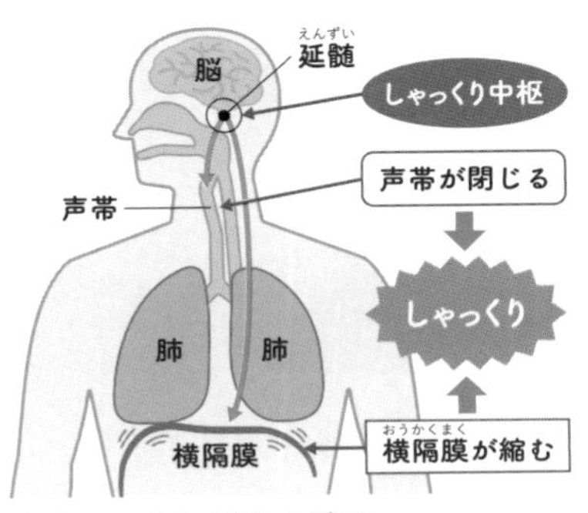

▲しゃっくりが出る流れ

くり中枢に伝わります。これに反応して、しゃっくり中枢から横隔膜へ収縮命令が、同時に声帯筋（せいたいきん）へ収縮命令が出ます。

大体のしゃっくりは何もしなくても数分から数十分で収まりますが、早く止めたい場合は以下の方法を試してみてください。

▼しゃっくりを止める方法

1	① ゆっくりと息を吸う ② 10秒息を止める ③ ゆっくりと息を吐く ※①～③を繰り返す
2	紙の袋を鼻と口に当てて、呼吸をする
3	コップ1杯の水をコップの反対側（奥側）から飲む （飲みにくいので、息をとめている時間が長くなる）
4	まぶたの上から両眼球を30秒ほど指で軽く押さえる
5	両耳の孔に指を入れて、奥の方に30秒ほど押し付ける
6	レモンなど酸っぱいものを口に含む

1～3は、**血液中の二酸化炭素を増やし、横隔膜の収縮を抑制する**効果があります。4～6はいずれも横隔膜に影響する**迷走神経を刺激して、横隔膜の収縮を抑える**ことが期待されます。大体2日以内に収まりますが、まれに**2日以上続く場合**（**慢性吃逆**）や**一か月以上続く場合**（**難治性吃逆**）があります。これらの重症しゃっくりの場合は、脳や呼吸器、消化器に重大な原因が潜んでいることがありますので、必ず病院を受診してください。

耳がツーンとしたときの解消法があるのはホント？

標高の高い場所に行ったとき、離陸した飛行機が高度を上げるときなどに**耳がツーンと詰まった感じ**（**耳閉感**）を経験したことはありませんか？　これは**鼓膜**の奥にある**鼓室**という空洞と**咽頭**をつないでいる**耳管**という管が、通常は閉じていることが原因です。鼓膜の内側、つまり鼓室内は、普段生活している標高の気圧を保ちます。一方、鼓膜の外側、つまり外界に開いている外耳道の気圧は標高が高くなると、すぐに外界と同じ低い気圧になります。その結果、鼓膜が鼓室側（高圧）から外耳道側（低圧）へ押されることになります。これがツーンと耳が詰まったような感覚となります。これを解消するのは簡単です。**唾液をゴクンと飲み込む**か、**大きなあくび**をすれば、瞬間的に解決します。いずれの動作でも、咽頭の壁を作っている咽頭収縮筋の収縮と弛

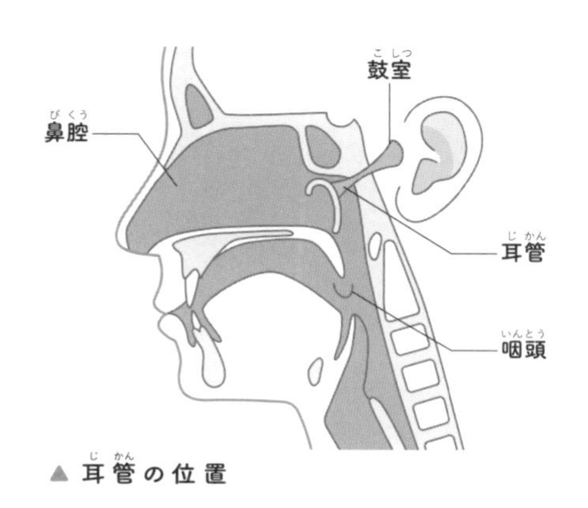

▲耳管の位置

緩が起こるので、圧迫されていた耳管が瞬間的に開いて咽頭と鼓室がつながり、鼓室内の気圧が外界の気圧と等しくなります。

このように、耳管という管は、その開閉によって、鼓室内の圧力を調節する役割を担っています。しかし、耳管が常に開いたままになっている**耳管開放症**と、逆に耳管が狭くなって開かない**耳管狭窄症**が起こり得ます。耳管開放症では、自分の声が大きく響いて聞こえる**自声強調**という症状が起こります。耳管狭窄症では、先に述べた耳が詰まった感じがずっと続きます。

鼓室と耳管の粘膜の表層は、胎生期に耳ができる過程で咽頭の粘膜上皮が落ち込んだものです。細胞がすきまなく並んだシート状の構造なので、ウイルスや細菌が感染すると、たちどころに上皮を伝って感染が広がります。かぜのひき始めは、上気道（鼻腔、咽頭）へのウイルス感染です。通常、かぜは1週間程度で回復しますが、治りきらずに咽頭の炎症が耳管を経て鼓室の粘膜にまで波及することがあります。これが**中耳炎**です。中耳とは鼓膜と鼓室、およびその中にある三つの耳小骨の総称です。中耳炎は小児に多い病気ですが、これは小児の耳管は大人よりも短く、水平に近いからです。小さなお子さんがかぜをひいて回復したら、後ろから呼びかけてみてください。聞こえていないようだったら中耳炎の可能性があります。耳鼻科に連れて行きましょう。

鼻血が出たら上を向くべきなのはホント？

鼻血が出たとき、多くの人が「ティッシュペーパーを鼻に詰める」「上を向く」「首の後ろをトントンたたく」といった対処をします。実は、これらはいずれも**医学的にはよくありません**。

ティッシュペーパーを鼻に詰める際、紙が硬めであると鼻の粘膜を傷つけるおそれがあります。また、ティッシュペーパーを引き抜くときに、血がかたまったかさぶた（凝血塊（ぎょうけつかい））を一緒に引きはがしてしまい、再出血が起こることがあります。

鼻血が鼻の穴から垂れてこないように、上を向く人が多いのですが、これはよくありません。**出血した血液が鼻腔の後方の咽頭に流れ出て、飲み込んでしまうから**です。血液を飲み込むと気分

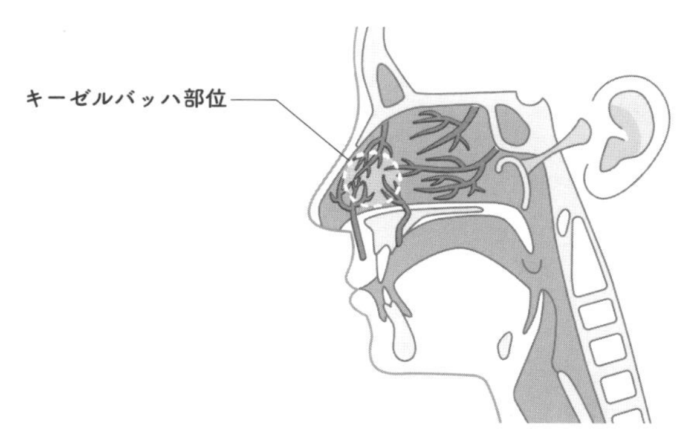

▲出血しやすい部位

が悪くなり、嘔吐することもあります。さらに、気管の方に流れ込む（**誤嚥**）と、**誤嚥性肺炎**を起こす危険があります。

首の後ろをトントンたたくことに**止血効果はなく**、不要な振動を頭部に与えるので逆効果です。

では、どのように止血すればよいのでしょう？　鼻血に限らず、出血を止める第一の方法は**圧迫**です。鼻血の約90%は、鼻の入り口から1cmほど入ったところから出血します。この部分は血管が集まっていて出血しやすく、**キーゼルバッハ部位**と呼ばれています。

鼻血が出てきたら、まずイスに座ってやや**うつむき加減**になります。**鼻の下3分の1あたりの部分を両側から指で強くつまんで**ください。小鼻を両側から押しつぶす感じです。これでキーゼルバッハ部位が圧迫されます。血が口の中に流れてきたら、飲み込まずに吐き出しましょう。これを**15分間**続けます。途中で何度も指を離して、血が止まったかを確認してはいけません。15分続ければ、たいていの鼻血は止まります。15分間押さえ続けても出血が続くようであれば、病院に行くことをおすすめします。

Chapter

7 健康のために知りたい日常の知識

75 「朝活」はからだに良い？

「朝活」は「朝活動」の略で、始業前の朝の時間を、勉強、運動、趣味などの活動に当てることです。平成20年頃から使われ始めたようです。朝活のポイントは三つあります。

一つ目は、**早朝に行う**ことです。終業後に何かしようとしても、疲れてしまって頭もからだも十分はたらきません。起床後すぐであれば、脳はフレッシュな状態で活発にはたらくので、**効率的な知的作業**ができます。起床後しばらくは、からだが休息から活動モードに移っていく時間なので、運動をする場合はハードなものではなく、さわやかな空気をたっぷり吸い込む、**ウォーキングやジョギングなどの有酸素運動**が適しているでしょう。

二つ目は、自分が**好きなこと、したいことを行う**ことです。

朝活は仕事ではありません。普段、時間がなくてなかなかできないことや、自分を高める・変えるきっかけとなるようなことを、短時間でよいので行うのがよいでしょう。

三つ目は、**目標設定を高くせず**、スケジュールや体調に応じて、**フレキシブルに行う**ことです。目標設定が高すぎると、目標が負担となりストレスをため込むことになってしまいます。朝活はリラックスした気分で、楽しく感じる範囲の負荷が望ましいです。仕事が忙しく帰宅が遅いのに、朝活のために早起きして睡眠不足を招いては本末転倒です。体調が悪いのを押して朝活をする必要はありません。朝活のオフ日を適度に盛り込むことも大事です。

「朝活はからだに良い？」という問いに対する答えは「YES」といえます。朝活は**幸せホルモン**と呼ばれる**オキシトシン**、**セロトニン**、そして**ドーパミン**の分泌を増やすことが期待できます。オキシトシンは元々、出産や授乳、育児などで分泌が高まる**愛情ホルモン**として知られています。また、親しい人と楽しく会話したり、他人に親切にしたりするときにも分泌され、幸福感をもたらすことが分かっています。セロトニンは**日光にあたると分泌が高まり**、幸福感や充実感をもたらします（81 参照）。ドーパミンは有酸素運動や好きなことをすると分泌され、**やる気を起こす**作用があります。

早朝の日光を浴びながらウォーキングをして、カフェで親しい友人と談笑……。三つの幸せホルモンがすべて分泌されて、意欲と幸福感に満ちた一日がはじまるでしょうね！

76 からだのために良い食事は？

食べることは、生きるために欠くことができません。人類が地球上に出現した数百万年前からつい最近までは、食べるものが限られていて、人類は常に**飢餓**と闘ってきました。そのような状態では「からだのために良い食事は？」などと考える必要はなく、食べられるものが手に入ったら何でも食べて、命をつないできました。

数十年前から、日本を含む世界の一部の地域・国々では、食べるものが豊富にあり、**食べ過ぎによって肥満になり、健康を損ねる**という事態が起こっています。他の地域では、未だに今日を生きるための食べものすらないという状態なのに……。

一つの食品がからだにとって良いか、良くないかを判断することは容易ではありません。たとえば、日本には**糖尿病**の患者と**糖**

尿病予備群の人たちが合わせて2,000万人いると推定されています。糖尿病の予防で最も重要なことは、**肥満を防ぐ**ことです。糖尿病になってしまったら、糖質(炭水化物)の摂取量をコントロールすることが重要です。必然的に**糖質制限**という発想が起こってきますが、糖質制限の是非やその方法についてはさまざまな意見があります。専門家である医師や栄養士の間でも意見は一致していません。

一方、健康のためには「**バランスがとれた食事**」が必要とよくいわれますが、これを否定する人はいません。

筋肉だけでなく、からだを作っている細胞は**タンパク質**と**脂質**(**脂肪**)でできています。タンパク質は**動物性タンパク質**(肉、魚)と**植物性タンパク質**(大豆食品、牛乳など)の両方を積極的に摂りましょう。脂質には**中性脂肪**と**コレステロール**があります。いずれも摂り過ぎは肥満や動脈硬化を引き起こしますが、中性脂肪はエネルギー源となり、コレステロールは細胞膜を作り、男性ホルモンと女性ホルモンの原料でもあります。よって、一定量の脂肪の摂取は必須です。中性脂肪は肉と魚を食べれば同時に摂れます。**卵**を1日に1、2個食べ、サラダには高カロリーのドレッシングやマヨネーズよりも悪玉コレステロールを下げる効果のある**オリーブオイル**をかけるのがよいでしょう。

ビタミン類と**無機質**(ナトリウム、カルシウム、カリウム、リン、鉄、亜鉛など)は、**野菜**、**海藻**、**果物**と**魚介類**に多く含まれます。野菜は意識的に多めに食べるようにしましょう。日本人は塩味が好きで、**ナトリウム(食塩)を摂り過ぎる傾向**にあります。**高血圧**を招きますので、意識的に薄味にすべきです。

このように、バランスがとれた食事とは、**多くの種類の食品を食べること**と捉えてよいでしょう。食品には、がんのリスクを上げるものと下げるものがあり、多くの種類の食材を摂ることががんの予防につながります。こうした視点からも、同じものばかり食べることは避けるべきです。

たばこはからだにどう影響する？

たばこほど健康に悪いことが明白な嗜好品はないでしょう。それでも、日本の成人で習慣的に喫煙をしている人は16.7%（厚生労働省、令和元年「国民健康・栄養調査」より）います。

たばこの煙には、約5,300種類の化学物質が含まれています。そのうち約700種類がからだに有害な物質で、その1割の約70種類が発がん物質だそうです。有害物質のうち、**ニコチン**、**タール**、**一酸化炭素**を**三大有害物質**と呼びます。

たばこを吸うと数秒でニコチンが脳に入り、快感物質であるドーパミンが放出されます。これによって「気持ちが良い、ホッとする」作用がはたらきます。しかしこの作用は一時的で、しばらくするとニコチンが切れて、不安やイライラを感じます。それでまたタバコを吸ってしまうのです。これを**依存性**といい、麻薬や覚せい剤にも強力な依存性があります。

タールには多くの発がん物質が含まれています。一酸化炭素は血液が酸素を運ぶはたらきを妨げ、酸欠状態になって息切れしやすくなります。

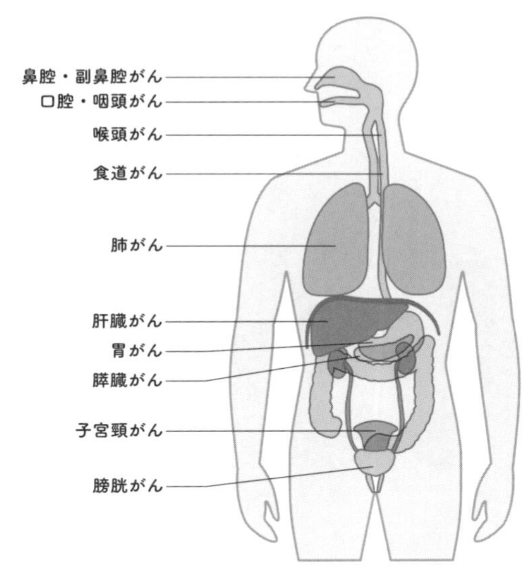

▼がん以外の健康影響

脳卒中 狭心症 心筋梗塞 腹部大動脈瘤 動脈硬化症 慢性閉塞性肺疾患（COPD） 呼吸機能低下 結核による死亡 II型糖尿病の発症

▲ たばことの因果関係を示す科学的根拠が十分（確実）である病気

図で示した病気以外にも、科学的根拠が因果関係を示唆する（可能性がある）病気も数多くあり、たばこによる広範な影響がうかがえます。

さらに問題なのは、**受動喫煙**による周囲の人への悪影響です。**たばこから直接上がっている副流煙には、喫煙者がはきだした主流煙よりもはるかに多くの有害物質が含まれているのです！**

たばこによる税収入（国税＋地方税）は1年間で約2兆円です。一方、たばこによる超過医療費と死亡・病気による労働力損失の合計はたばこによる税収入を大きく上回るとされています。まさにたばこは「百害あって一利なし」です……。

78 適切な飲酒量は？

前項で説明したように、たばこにはまったくメリットがないので、絶対に禁煙すべきです(77 参照)。しかし、お酒は必ずしもそうではありません。適量の飲酒は健康上のメリットがあることを示唆する研究結果が少なからず見受けられます。

その根拠の一つとして、**フレンチ・パラドックス**(**フランスの逆説**)という現象があります。フランスでは、過度に食べるとからだに良くない動物性食品(肉やバター)を多量に摂取し、喫煙率が高いにもかかわらず、周辺諸国よりも心筋梗塞で亡くなる割合が低いのです。フランスで多く消費されているワインが、健康に良い作用を有しているからだと考えられています。

赤ワインに含まれている**ポリフェノール**には、動脈硬化の原因となる悪玉コレステロールの酸化を抑え、認知症を予防する効果

▲アルコール20gに相当する酒量

があります。1日3、4杯程度までなら、赤ワインのこれらの効能が期待できますが、5杯以上飲むと飲まない人よりも死亡率が高くなるので、やはり適量を守るべきです。

日本でも、国立がん研究センターが主導した同様な調査研究の報告がありました（J Epidemiol 2018：28(3)140〜148）。お酒をまったく飲まない人たちよりも、お酒をある程度飲む人たちの方が、死亡原因を問わず、死亡のリスクが低いというものです。男性では週450gまで、女性では週150gまでのアルコールを飲む人たちが、まったくお酒を飲まない人たちよりも死亡リスクが低いという結果でした。しかし、それ以上のアルコールを飲むと、飲まない人たちよりも死亡リスクが高くなると報告されています。

一方で、少量の飲酒でも健康上のリスクを高めることを示す研究報告もあります。医学的な観点だけで、飲酒の善悪を決めるのは難しいようです。

近年、厚生労働省は「**適切なアルコール摂取量は男性で1日20gまで、女性で1日10gまで**」という旨の勧告を出しました。「20g」を具体的に表現すると、ビールロング缶（500mL）1本、日本酒1合（180mL）、ウイスキーダブル1杯（60mL）、焼酎（25度）グラス1/2杯（100mL）、ワイングラス2杯（200mL）程度となります。女性はだいたい男性の半分と考えてください。お酒が好きな人がこの数字を見ると、ずいぶん厳しいと感じるでしょう。

さて、お酒に強い人と弱い人がいますが、これはアルコールが分解されてできる、有害な**アセトアルデヒド**を分解する酵素（**ALDH2**）のはたらきの強弱で決まります。日本人の40％はALDH2がまったくないか、はたらきが弱いので、お酒に弱くなります。週に何日か**休肝日**を設けつつ、自分にとっての適量を決めてお酒を楽しんでください。

コラム 4 音楽による健康効果

音楽は心身にさまざまなプラスの効果を及ぼします。

① 快感、気分高揚、ストレス発散

音楽を聴くと脳内に**ドーパミンが分泌**されます。ドーパミンは快感をもたらし、気分が高揚します。さらに、ストレスホルモンである**コーチゾルの分泌が低下**し、**ストレス発散**に有効です。

② リラックス、安眠

「癒し（ヒーリング）」音楽やクラシック音楽を聴くと、脳波に**α波**（アルファは）が現れます。α波は、脳がリラックスしているときに現れます。就寝時に音楽を聴くと眠気を誘い、入眠が促されます。音楽による入眠は睡眠の質を高め、不眠症の改善も期待できます。

③ 集中力アップ

同様の効果によって、音楽を聴きながら作業や勉強をすると集中力が高まる人もいます。周囲の雑音や話し声を遮断するため、ヘッドホンを使う人もいますね。

④ 記憶をよみがえらせる

ある音楽を聴くことが引き金となり、その曲が流れていたときのできごとを思い出すことがあります。記憶のメカニズムとして、何かと関連付けると定着しやすいという原則があります。

また、カラオケなどで歌うと、**アドレナリン**、**ドーパミン**、**エンドルフィン**などの脳内ホルモンの分泌が、**高揚感**や**多幸感**をもたらします。もちろん、**ストレスホルモンのコーチゾルの分泌を低下**させるので、ストレス発散効果は抜群です。

歌うときは**横隔膜、腹筋、発声筋、表情筋を使う**ため、**有酸素運動**になります。**血行がよくなり、内臓脂肪が減り、顔が引き締まります**。血流がよくなると**免疫機能もアップ**します。また、歌詞やメロディーを覚えることは**認知症予防**にもなります。

音楽を聴くことや歌を歌うことによる効果を医療に応用した、**音楽療法**という治療法もあります。

79 1日何歩歩くと健康に良い？

読者のみなさんのなかには、運動不足を感じている方もいるでしょう。放置すると肥満が進み、いずれ生活習慣病になってしまうかもしれません……。

誰でもすぐに始められる運動は**歩く**ことです。では、どれくらい歩けばよいのでしょうか？

厚生労働省は、生活習慣病などの発症リスク低減を目的として、「健康づくりのための身体活動基準2013」を公表しています。18～64歳の場合、「**強度が3METs以上の身体活動を週に23METs**」を望ましい身体活動の基準としています。**METs**とは、運動強度とその継続時間をかけ合わせた運動量の単位です。

この基準をウォーキングの歩数に換算すると、「**1日あたり**

▼ 運動の内容と強度

活動	運動強度
座位安静	1.0METs
普通の歩行	3.0METs
掃除	3.3METs
自転車に乗る	3.5〜6.8METs
速歩き	4.3〜5.0METs
階段を駆け上がる	8.8METs

たとえば、普通の歩行を1日1時間、週7日行うと、3.0×1×7＝21METsの運動量になる。

8,000〜10,000歩」になります。しかし、厚労省が令和元年に行った調査では、20〜64歳の1日の平均歩数は、男性が7,864歩、女性は6,685歩と、8,000歩には達していません。

65歳以上の高齢者に関しては、群馬県中之条町の65歳以上の住民を対象に行われた調査の結果、「**1日8,000歩、そのうち20分は速歩き**」によって、多くの病気を予防できるという結果が得られています。一方、この調査の結果、65歳以上の1日の平均歩数は、男性が5,396歩、女性は4,656歩でした。

したがって、1日の歩数の目安は**8,000歩**が妥当でしょう。普通の速度で1,000歩歩くのに約10分かかるので、1日に80分程度の歩行が必要になります。通勤や仕事で歩いている人ならその間に歩数を稼げますが、通勤のない方や、車を使って仕事をしている人には、1日に80分歩くのは難しいかもしれません。

そのような方にとって朗報ですが、週1、2日であっても8,000歩歩けば、毎日歩いている人が得られる効果を大きく下回らない効果が得られるという研究結果もあります。

逆に、1日に10,000歩以上歩いてもその効果は頭打ちになることや、毎日15,000歩以上歩くと、**膝に障害**が起こるケースが少なからず報告されています。「過ぎたるはなお及ばざるがごとし」ですね。1日8,000歩をフレキシブルな目標として、ウォーキングを楽しんでください。

80 運動前の準備運動の効果は？

準備運動は**ウォーミングアップ**とも呼ばれますね。ウォーミングアップとは文字通り、体温を上げてからだを温める(**warm**)ことと心拍数を上げて血流量を増やす(**up**)ことです。

ウォーミングアップでは、大きく五つの効果が期待できます。

一つ目は、**体温と筋肉温の上昇**です。筋肉を収縮させると熱が発生します。この熱によってその筋肉とからだ全体の温度が上昇します。体温の上昇は血管を拡張させ、血流量が増えて、**十分な量の酸素が全身に供給**されます。

二つ目は**関節の可動域の拡大**です。筋肉とそれにつながる腱(けん)の温度が上がると、**筋と腱がやわらかく**なって、関節の可動域が大きくなります。そのため運動中の過度の伸展やねじれによる**肉**

離れや腱の断裂を防ぐことができます。

三つ目は、**神経の反射速度を高める**ことです。ウォーミングアップでからだを動かすことで、自律神経が**交感神経優位の状態**(興奮・戦闘モード)になります。あらゆる神経の活動が活発になり、反応速度が高まります。これによって運動中の状況の変化に瞬時にからだが反応できるようになります。

四つ目は、**心拍数と呼吸数の増加**です。からだを動かすことで心拍数と呼吸数が上昇し、その後の主運動に必要なレベルに無理なく到達できます。

五つ目は、これから行う運動への**心の準備**と**精神的高揚**です。これから行う運動をイメージし、心の準備をして余裕をもって臨むことができます。交感神経興奮状態に導き、精神的に高揚する効果もあります。

ウォーミングアップの具体的方法には次の種類があります。

▼ ウォーミングアップの種類

筋と関節を動かす	手首、肘、肩、首、体幹、股、膝、足首の屈伸・回転。
全身運動	ジョギングによって心肺機能を高め、体温を上げる。
スタティックストレッチ(静的ストレッチ)	反動をつけずに、肩、体幹(前後屈、ひねり)、股関節を動かす筋肉を10～30秒、伸ばす。
ダイナミックストレッチ(動的ストレッチ)	反動により主要関節を動かし、可動域を大きく広げる。
主運動に特化した動きの模倣	〈陸上競技〉もも上げ、ジャンプ 〈球技〉素振り、キャッチボール、リフティング 〈格闘技〉受け身、シャドーボクシング など

なお、主運動のあとにも同様の軽いストレッチ運動(**クールダウン**)を行うことが推奨されます。クールダウンを行うことにより疲労が軽減され、筋肉痛になりにくくなるなどの効果が期待できます。

81 日光を浴びるのは健康に良い？

日光を浴びることには、医学的にはメリットとデメリットの両方があります。

第一のメリットは、**ビタミンDの合成**です。コレステロールとなる物質が皮膚内で日光中の紫外線を浴びると、ビタミンD3になります。生体内で合成できるビタミンはこのビタミンDだけです。ビタミンDは食物から摂取することもできますが、**ビタミンDを含む食品は限られているので**(椎茸、魚肉、魚の肝臓)、日光によって皮膚で作られるビタミンDは重要です。**ビタミンDは腸からのカルシウムの吸収を高め、骨形成を促進します**。ビタミンDが不足すると、骨の軟化につながる可能性があるといわれています。

メリットの二つ目は、**セロトニンの分泌が高まる**ことです。セロトニンは神経伝達物質の一つです。他項でも紹介した通り、セロトニンは「**幸せホルモン**」と呼ばれています（⑮参照）。日光を浴びる、または運動をすることで、脳内での分泌が高まります。

メリットの三つ目として、日光は脳からの**メラトニンの分泌を抑制**します。メラトニンは「睡眠ホルモン」と呼ばれ、メラトニンの分泌が低下することで眠気が吹き飛びます。

他方で、日光を浴びることのデメリットについても、数多くの報告があります。最も警戒すべきものは、**皮膚の悪性腫瘍（あくせいしゅよう）ができやすくなる**ことです。

紫外線は細胞内のDNAを傷つけます。生体には傷ついた遺伝子を修復するシステムがありますが、多量の紫外線を浴び続けると、遺伝子修復機構が破綻して、修復不能になります。

傷ついた遺伝子ががん化に関係する遺伝子であれば、悪性腫瘍が発生します。**皮膚がんは紫外線を長年浴びてきた高齢者に発生しやすく**、衣服で被われていない顔や手の甲にできやすい傾向にあります。日本人では皮膚がんの発生率は人口10万人あたり10人程度ですが、紫外線から皮膚を守ってくれるメラニン色素が少ない白人では200人以上と高い発生率です。

何十年も紫外線を浴びると、皮膚の中にあるコラーゲン線維や弾性線維が変性して皮膚が厚くなり、メラニンの合成が刺激されてシミやそばかすが増えます。これを**光老化（ひかりろうか）**と呼びます。

季節や時間帯、地域によりますが、朝日を15〜30分程度浴びるのがよいようです。夏の日中は日傘や日焼け止めを使いましょう。

▲日光を浴びるメリットとデメリット

82 熱があるときの入浴はNG?

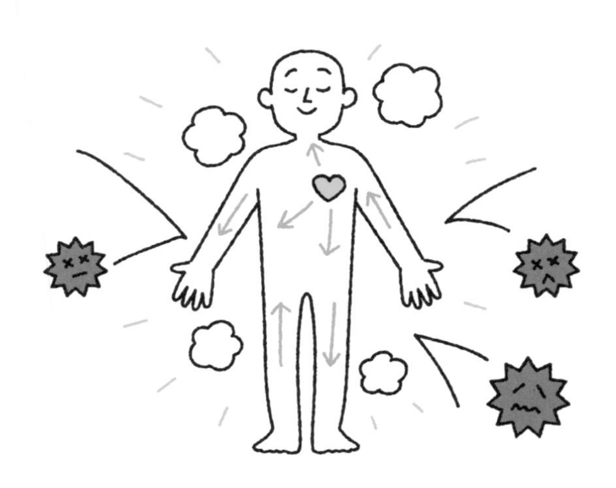

筆者が子どもの頃、かぜで熱があるときは「お風呂に入ってはいけない」といわれました。昔の浴室は脱衣所を含め、とても寒かったことを覚えています。湯船に入っているときは暖かくても、湯船から出て着替える間に冷えるし、家にお風呂がない家では銭湯からの帰り道でからだが冷え切ってしまいます。そんな環境なので、熱のあるときにお風呂に入るなんてありえませんでした。

それから数十年、浴室の環境は大きく変わりました。今では、お風呂はほとんどの家にあり、床や壁も冷たくない材質でできています。浴室と脱衣所に暖房が入っている家もあります。「湯冷め」を警戒する必要はほとんどなくなったといえます。

同時に、この数十年の間に、病気を治してくれる免疫のしくみや、かぜを起こすウイルスのことがわかってきました。免疫の主役である**リンパ球**は、体温が上がる(38°C前後)とよくはたらくようになります。つまり、入浴してからだを温め、血行をよくすれば、**免疫力が高まる**のです。

さらに、浴室の湿気で気道の粘膜が湿ると、ウイルスや細菌の侵入を防ぐ**線毛(せんもう)の動きが活発になり、ウイルスの増殖を抑制する**効果が期待できます。

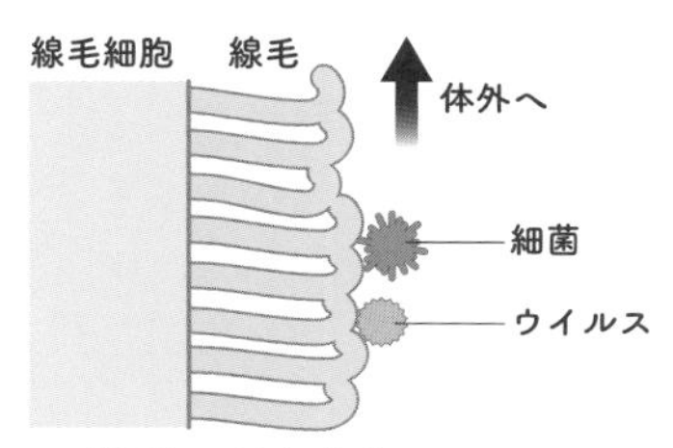

▲ 線毛のはたらき

入浴してさっぱりしてリラックスできれば、よく眠れて回復も早まるでしょう。ということで、最近は「**熱があるときでも入浴してOK**」という医師が増えてきました。シャワーだけよりも、湯船につかってよくからだを温める方が効果的です。湯はあまり熱くせず(40°C以下)、長湯は避けましょう。可能なら**脱衣所と浴室を暖めて、湯船との温度差を狭める**と良いです。

▼ 入浴を避けるべきとき

高熱	嘔吐や下痢の症状	症状がひどい
38℃以上の高熱時は体力が消耗し、脱水気味になっている。入浴により悪化し、浴室で倒れたり、脱水症状に陥ったりするおそれがある。	あとから入る人にウイルスを感染させてしまうおそれがある。患者が使用したタオルを、別の人が使用するのもNG。	頭痛や関節痛などの症状がひどいときは、無理をしない。

熱があるときでも入浴自体にはメリットがあります。かぜの症状がさほどひどくなく、からだを冷やさないように入浴できるのであれば入浴してもOKです。

INDEX

数字

英字・ギリシャ文字

あ行

か行

さ行

た行

な行

は行

ま行

や行

ら行

わ 行

〈著者略歴〉
千田隆夫（せんだ たかお）
岐阜大学大学院 医学系研究科 解剖学分野 教授。医学博士。
日本解剖学会理事、日本臨床分子形態学会理事長（2021年～2023年）。
著書に、『プラクティカル解剖実習 脳』『プラクティカル解剖実習 四肢・体幹・頭頸部』（以上、共著、丸善出版）、『医療系学生のための解剖見学実習ノート』『56のクエスチョンでひも解くヒトのからだ』（以上、共著、アドスリー）などがある。

イラスト：サタケ シュンスケ
本文デザイン：上坊 菜々子

「人体、マジわからん」と思ったときに読む本

2024年6月20日　第1版第1刷発行

著　者　千田隆夫
発行者　村上和夫
発行所　株式会社 オーム社
郵便番号　101-8460
東京都千代田区神田錦町3-1
電話　03(3233)0641(代表)
URL https://www.ohmsha.co.jp/

組版　クリィーク　　印刷・製本　壮光舎印刷
ISBN978-4-274-23208-4　Printed in Japan